艺考强化训练丛书

游戏设计
应试技巧

◎ 赵贵胜　编著

U0288312

SMPH　SLAV

上海音乐出版社　上海文艺音像电子出版社
WWW.SMPH.CN　WWW.SLAV.CN

编者的话

随着时代的发展,中国高校的专业设置也在不断更新,一些复合型专业应运而生。动画、数字媒体、游戏便是横跨艺术和科学两个领域的新兴专业。这些专业顺应社会的需求,涉及的内容又符合现代青少年的心理需要,迅速得到了广大青少年的青睐。但如何敲开开设这些专业的高校大门却并不为怀揣梦想的考生所知。笔者本着为莘莘学子解开这个困惑的目的,编写了此书。此书适合准备艺考的高中生学习,也可供准备研究生考试的大学生参考。

此书只是一盏指引大家走近象牙塔的明灯,笔者只能告诉有关考试的一些基本规律,想要打开那扇通往梦想的大门走进象牙塔,还需要大家为之付出艰辛的努力,反复实践,从源头上掌握艺术的基本规律。从艺术创作本身来讲,书中所说的技巧也不是千古定律,希望你能从"有法"到"无法",既有扎实的功底又有本真的天赋,因为这样,才能在专业的道路上越走越宽。真诚的希望此书能帮助各位考生顺利圆梦!

由于篇幅原因,许多问题无法深入阐述,希望大家能借助配套视频和所列参考书单来完善自己的学习。由于水平所限,书中错误在所难免,欢迎各位指正。

目录

第一章　专业介绍及专业招生情况

第一节　游戏专业简介

　　随着数字技术的不断发展,人们对娱乐产品数量的需求不断增长、对质量的要求不断提高,游戏行业分工越来越细。同时,应当前动漫游戏行业人才紧缺和国家大力发展动漫游戏产业的市场环境需求,游戏作为一门新兴学科应运而生。该专业依托数字化技术、网络化技术和信息化技术对媒体从形式到内容进行改造和创新,覆盖图形图像、动画、音效、多媒体等技术和艺术设计学科,是技术和艺术的融合与升华。该专业在全面、深度培养学生游戏设计技术、技能的同时,也注重对学生综合素质和艺术创新思维的培养。毕业学生能够在游戏公司、门户网站、手机运营企业、动画公司等单位从事游戏设计、游戏制作、游戏策划、游戏运营、游戏开发(非艺术类)及其他相关工作。目前,大部分学校只开设游戏设计方向和程序开发方向,而程序开发方向目前主要招收理工类学生。不管是设计方向还是程序开发方向的同学都可根据自己的兴趣从事策划或者运营方面的工作。

　　游戏设计:包括游戏概念设计、场景设计、角色设计、动画设计、关卡设计等核心工作。学习中需要熟练掌握游戏设计与制作中软件工具操作与应用。熟悉游戏设计与制作的各个生产环节,具备游戏产品设计与制作的核心能力。包括:游戏策划、场景道具设计制作、游戏角色设计与制作、纹理贴图设计制作、游戏动画与特效设计制作能力等。

　　游戏程序开发:要熟悉计算机的语言和开发环境,如 c/c++、java、C#、VC、Xcode 等,还需要学习与游戏有关的数学、线性代数、离散数学,以及非数学类的数据结构、设计模式、计算机图形学等。

　　游戏策划:这是一个对综合素质要求比较高的岗位,要负责游戏市场的调研与分析,游戏业务模型建立,游戏创意设计、游戏原型制作等工作,需要与整个游戏部门沟通。从事游戏策划,需要有丰富的游戏经验,能够深刻理解游戏玩家的心理和需求,这样才能策划出符合玩家兴趣的游戏。另外,游戏策划最好有一点游戏技术基础,熟悉游戏开发的整个流程。

游戏运营:主要负责游戏的日常运营、数据分析、游戏推广和活动策划工作。同样,一名好的游戏运营,需要有丰富的游戏经验,熟悉游戏的盈利模式,熟悉行业的一些重要指标,比如 PCU(Peak concurrent users,最高同时在线玩家人数)、ACU(Average concurrent users,平均同时在线玩家人数)、ARPU(Average Revenue Per User,每用户平均收入)、渗透率等。

第二节　游戏专业前景

党的十六大以来,国家大力扶持文化创意产业发展,我国游戏市场的规模不断扩大。2001 年我国网络游戏市场规模为 3.1 亿元人民币,往后历年数据分别为 2002 年 9.1 亿元、2003 年 13.2 亿元、2004 年 24.7 亿元、2005 年 61 亿元、2006 年 65.4 亿元、2007 年 105.7 亿元、2008 年 183.8 亿元、2010 年 323.7 亿、2011 年 428.5 亿。近年来我国游戏市场更是呈现爆发式发展态势。《2015 年中国游戏产业报告》公布中国游戏市场实际销售收入达到 1407 亿元,同比增长 22.9%(见下表);批准出版游戏中,北京占 16.2%,上海占 51.2%,广东占 9.0%;中国上市游戏企业 171 家,A 股上市游戏企业占 79.6%,港股上市游戏企业占 9.9%,美股上市游戏企业占 10.5%;中国上市游戏企业市值 47605.84 亿元,A 股上市游戏企业市值占 65.2%,港股上市游戏企业市值比 32.3%,美股上市游戏企业市值占 2.5%。

2015 年	用户	销售收入	自主研发网络游戏市场实际销售收入	自主研发网络游戏海外出口销售收入	客户端游戏收入	网页游戏市收入	移动游戏市场收入
	5.34 亿	1407.0 亿元	986.7 亿元人民币	53.1 亿美元	611.6 亿元人民币	219.6 亿元人民币	514.6 亿元人民币
同比增长	3.3%	22.9%	35.8%	72.4%	0.4%	8.3%	87.2%

　　另外,TalkingData 联合业内数据公司 Newzoo 发布的数据也显示,中国将会超越美国成为全球最大的游戏市场,移动游戏收入将超越日本和美国成为全球第一大手游市场。

　　游戏是互联网行业盈利模式相对比较成熟和清晰的产业,开发后的利润非常高,因此,无论从营业额还是公司增长来看都呈现出"井喷"状态。腾讯、网易、搜狐、新浪、盛大、完美时空、百度、久游、金山等大型互联网公司都积极投入到游戏市场的抢夺战中。另外,还有非常大一批中小型互联网公司专门从事网络游戏开发。但是,目前国内开设对口游戏行业专业的学校不多,特别是游戏策划和运营方面,缺少游戏行业人才输送渠道。这些都造成游戏行业人才缺口大、炙手可热的局面。

第三节　各校游戏专业招生及录取方式

一、中国传媒大学

1.学校概况

　　中国传媒大学是教育部直属的国家"211 工程"重点建设大学,已正式进入国家 985 "优势学科创新平台"项目重点建设高校行列,前身是创建于 1954 年的中央广播事业局技术人员训练班。1959 年 4 月,经国务院批准,学校升格为北京广播学院。2004 年 8 月,北京广播学院更名为中国传媒大学。

　　中国传媒大学致力于高层次、复合型创新人才培养,被誉为"中国广播电视及传媒人才摇篮""信息传播领域知名学府"。中国传媒大学坚持"结构合理、层次分明,重点突出、特色鲜明,优势互补、相互支撑"的学科建设思路,充分发挥传媒领域学科特色和综合优势,形成了以新闻传播学、艺术学、信息与通信工程为龙头,文学、工学、艺术学、管理学、经济学、法学、理学等多学科协调发展,相互交叉渗透的学科体系。

　　学校建有校园多媒体网络、数字有线综合业务网、图书文献信息资源网、现代远程教育网,公共服务体系日趋完善;建有 2 个国家级实验教学示范中心——广播电视与新媒体实验教学中心、动画与数字媒体实验教学中心,6 个北京市实验教学示范中心——广告实践教学中心、动画实验教学中心、影视艺术实验教学中心、传媒技术实验教学中心、电视节目制作实验教学中心等;多媒体教室、演播馆、实验室等装备精良,功能完善;图书馆形成了信息传播学科内容丰富,纸质、电子、网络形式多样的馆藏体系。

中国传媒大学动画与数字艺术学院(原动画学院),成立于2001年,是我国最早从事动画教学、创作、科研的院校之一,也是国内数字媒体艺术专业(包括新媒体艺术与影视特效)、数字游戏设计专业的始创院校。依托中国传媒大学"大传播"和"小综合"的学科特色,坚持国际化、开放式办学方向,建立起了动画与数字媒体艺术专业完整的本、硕、博人才培养体系,形成了跨学科、跨媒体,科学、艺术与人文相融合的办学特色与优势,成为国内领先的动画与新媒体专业院校之一。

人才培养理念:传统与现代融合、中西文化融合、多学科交叉融合。

人才培养目标:培育优秀的复合型动漫及数字媒体人才。

人才培养方式:与国际对接、与业界对接、与中学对接。

人才培养平台:与美国南加州大学、美国高科思科技大学、加拿大谢里丹学院、加拿大国家数字媒体中心、德国波兹坦影视学院、法国高布兰学院、英国伯恩茅斯大学、韩国国立艺术大学、新加坡南洋理工学院、香港城市大学等50多所知名大学建立了长期的项目式教育合作关系;与美国梦工厂动画公司、美国尼克儿童频道、法国育碧游戏公司、德国皮克斯蒙多电影特效公司、微软、惠普等国际顶级企业建立了教学实践与人才输出的伙伴关系。

人才培养环境:拥有各类专业实验室和创作室4千余平米,软硬件资金投入超过数千万元,其中包括动画制作实验室、互动艺术实验室和CG实验室3个211重点实验室;拥有先进的媒资管理系统、数字影视特效创作室、网络多媒体创作室、游戏设计创作室、虚拟演播室、数字合成机房、数字录音棚、惠普教育卓越中心实验室、苹果联合实验室、上海美术电影制片厂定格动画联合实验室、移动多媒体与NGN实验室、三维互联网与流媒体应用实验室、移动内容开发与创作实验室、无纸动画实验室、数字动画创作室、手绘动画创作室、动画声音创作室、动画表演创作室、数字高清实验室、动画生产车间、动画渲染农场和运动捕捉系统等教学、创作设施。

人才培养特色:学院已建设成国家动画教学研究基地、动画特色专业建设单位、教育部文化部动漫类教材建设专家委员会所在地、中国动画学会教育委员会所在地。聘请国内外兼职教授、专家百余人,开设国内首创的"夏季国际学院""国际大师课堂";鼓励跨专业联合创作和大学生创新实践,初步形成了与国际、业界相互交融的办学特色。发起和创办的"中国（北京）国际大学生动画节"，已经成为国内最重要的动漫和数字媒体盛事之一，每年吸引几十个国家上百所高校的近千名动漫与数字媒体专业学生参与，提供与世界一流大师直接交流的机会，拓展视野和学习、创作空间。

人才培养成果：创作了大量动漫、数字影视、网络多媒体、数字游戏等各种类型的作品，其中二百余部短片获得国内外大奖，奖项包括美国 Siggraph 动画节、法国昂西动画节、日本东京国际动漫节、德国斯图加特国际动画节、oneshow 金铅笔奖、D&AD 全球创意设计奖、美国 NextFrame 国际大学生巡回电影节、中国国际动漫节原创动漫大赛、韩国富川国际学生动画节、欧洲国际大学生电影节、金犊奖以及中国动画成就奖等诸多节展奖项。成功孵化了"兔斯基""三国杀""功夫兔"等商业作品。

专业优势：国际交流非常频繁，师生视野开阔。学院实行开放式办学，广泛吸纳国内外动画教育资源，2000 年以来已与德国波兹坦影视学院、加拿大魁北克大学、香港理工大学、韩国国立艺术综合大学、韩国中央大学、英国赫特福德大学及加拿大谢丽丹学院等知名大学建立了长期的教育合作项目，为构建国际合作网络奠定了基础。

学院与世界动画协会、国际影视高校联合会等国际组织建立了良好的合作关系，曾举办了多场影响深远的国际学术交流活动。一年一度的"中国（北京）国际大学生动画节"因其高质量的参赛作品、残酷的竞赛比拼、强大的评委阵容、高含金量的大师讲座已经成为全校师生和国际动画爱好者的狂欢节。

小学期创作实践活动是学院另一大特色。每年夏季学院组织二年级和三年级本科学生和国外学生一起开展小学期创作实践活动。集中时间、集中力量，以团队合作的形式创作完整的动画和数字媒体艺术作品，这些作品将成为盛大的国际大学生动画节宣传片。这种形式的学术交流和实践教学活动在国内属首创，在国际上也不多见。

2. 专业简介

学制：四年制本科

该专业旨在培养具有良好人文与艺术修养，熟悉游戏产品开发流程，具有创新游戏策划思想，具有较强游戏美术设计能力，熟练掌握三维游戏制作手段，能在游戏公司、门户网站、电视台、手机内容提供企业、动画公司等单位从事游戏美术设计、策划、开发、运营、管理等工作的富于竞争力与创新精神的高级复合型人才。

该专业方向师资以毕业于中国科学院、清华大学、北京理工大学、中国传媒大学、英国阿伯泰大学等知名院校的专职教师为核心，结合来自于暴雪、完美、Crytec、腾讯、搜狐、网易等业界一线专家组成的教学团队，对学生在理论和实践等多方面进行教学和指导，并提供在合作企业实习的机会。

主干课程：设计基础、艺用解剖学、用户体验分析、互动叙事、三维游戏美术、游戏界面设计、游戏角色绑定与动画、运动捕捉、三维游戏特效、游戏概论、游戏策划、游戏心理学、游戏概念设计、游戏项目管理等。

3. 招生及录取

（1）凡参加该校艺术类专业考试的考生，生源所在地省级统考有要求且涉及的专业，考生须参加省级统考合格，同时获得校考相应专业合格证书；省级统考不合格的考生，省（自治区、直辖市）招生办在录取时不予投档。省级统考不要求或未涉及的专业，考生须参加校考并获得相应专业合格证书，同时按照省（自治区、直辖市）招生办的要求参加考生所在省（自治区、直辖市）艺术类高考。

（2）华侨及香港、澳门、台湾地区的考生，按规定到普通高等学校联合招生办公室、北京市高招办、厦门市高招办、香港考试局、澳门中国旅行社等地报名，参加统一文化考试。

（3）录取时，各专业志愿之间无分数级差，同等条件下优先考虑第一志愿。

（4）录取时，学校使用的文化考试成绩为考生实际高考成绩，不含任何加分。考生文化考试成绩需达到生源省份艺术类本科专业录取控制分数线。

（5）学校以文化折算比值和专业折算比值为依据进行录取。其中，文化折算比值＝考生文化考试成绩÷生源省份本科第一批次录取控制分数线（以下简称一本线）；专业折算比值＝考生参加学校组织的专业考试总分÷该专业合格分数线。对于合并本科批次的省份，一本线以各省相关规定为准。对于艺术类考生文化考试总分与普通类考生文化考试总分不一致的省份，一本线以该省给定的参考分数线为准，未给定参考分数线的省份，参考分数线＝（一本线÷普通类考生文化考试总分）×艺术类考生文化考试总分。

（6）数字媒体艺术（游戏设计艺术方向），在考生文化折算比值达到学校确定的本专业最低折算比值情况下，按照文化折算比值从高到低择优录取。各省（自治区、直辖市）录取人数不超过本专业计划总数的20%。数字媒体艺术（游戏设计艺术方向)按文科和理科分别排队录取,对于艺术类专业不分文理的省份,按理科进行排队。其中文科或文科综合类考生的录取人数不超过本专业计划总数的 1/2。

专业(招考方向)	最低文化折算比值
数字媒体艺术(游戏设计艺术方向)	0.7

二、北京电影学院

1. 学校概况

北京电影学院是中国电影工作者的摇篮,是目前中国高等艺术院校中唯一的电影专业院校,在国内电影教育界和文化艺术界享有盛誉,也是世界著名的电影艺术高等学府。学校以优良的教学传统,雄厚的师资力量,齐全的学科专业,完善的教学设备以及规范的教学秩序,成为中国培养电影艺术创作、管理及理论研究人才的重要基地。

动画学院的前身是北京电影学院美术系动画专业,该专业最初成立于1952年。多年来,北京电影学院动画专业在国内动画教学科研领域取得显著成绩,在该领域保持着领先地位,为我国培养了一大批优秀的动画人才,曾经培养出阿达(动画短片《三个和尚》导演)、戴铁郎(动画片《黑猫警长》导演),严定宪(《哪吒闹海》导演),林文肖(《雪孩子》导演),胡进庆(水墨剪纸动画片《鹬蚌相争》)等老一辈动画艺术家和一大批活跃于中国动画舞台的中、青年动画导演,为中国动画事业的发展做出了重要贡献。2000年,北京电影学院为了适应动画发展的需要,增强我国动画的创作力量,在动画专业的基础上成立了全国第一所动画学院,并得到国家的高度重视和大力支持。动画学院以培养动画电影和动画电视导演、高级动画创作及动画制作人才为主要目标,采用数字技术与传统动画相结合的培养方式,实现动画学院"产学研"一体化,努力培养出具备创新能力,能够掌握新技术,同时兼备高修养的综合性艺术人才。

学院现开设了一个博士研究方向(电影艺术创作理论方向)、六个硕士研究方向(动画创作及理论方向、动画创作与多媒体应用方向、动画史论方向、动画剧作方向、电视动画制片方向和动漫策划方向),五个本科专业方向(动画艺术方向、电脑动画方向、漫画方向、游戏设计和动漫策划方向),还开设了专业进修班、教师进修班及专科升本科班。

　　动画学院充分利用传统动画教学优势与计算机数字新科技相结合的模式,以动画创作为主,兼顾电影、游戏、多媒体等各个学科的学习创作以及相关理论和史论的研究;广泛开展国际交流活动,进行开放式教学,保证"教"和"学"保持最新观念。动画学院具备世界先进水平的配套教育设施,现在有动画实验室 2 个、游戏实验室 1 个、定格实验室 1 个、5D(立体动感)动画电影实验室 1 个、3D 沉浸式实验室 1 个,为本院的教学创作和科研提供了良好的物质基础。

　　动画学院每年有三项盛会,一项是每年上半年举办的漫画节;另两项是每年下半年举办的"动画学院奖"和游戏节。北京电影学院动画学院漫画节于 2001 年 5 月第一次举办,每年举办一届。漫画节以商业性展示和学术论坛为主,并有漫画作品展、动画展映以及 cosplay 表演等内容。北京电影学院主办的中国大学生游戏设计大赛"金辰奖",每年 10 月举行,是中国首个基于专业院校,强调专业领域、学术思维与创意、创新能力的国际化游戏大赛。吸引了越来越多国内院校学生参与,并已经在业内具有一定的影响。北京电影学院动画学院奖(简称"动画学院奖")是由北京电影学院动画学院于 2001 年 12 月创立的创造性动画评奖活动,每年举办一届,年底举行颁奖,届时还会进行一系列学术交流等活动,旨在鼓励、推动具有独立精神与创造性的动画创作,不断挖掘与充分展示动画作为艺术的多样性。为真正热爱动画艺术的人提供展现自我与互相交流的机会,促进动画创作中的学术思考。目前已经吸引了国内 300 多所艺术院校、上万名学生及国内外专家同行的热情参与。"动画学院奖"不仅成为北京电影学院的一个品牌,也成为各大院校交流、展示的平台,它和中国传媒大学"中国(北京)国际大学生动画节"遥相呼应。

2. 专业简介

　　学制:四年制本科

　　北京电影学院游戏设计方向依托动画学院下的动画专业开设。旨在培养学生具有一定游戏美术原画能力,熟练掌握游戏美术设计及游戏动画制作的技能;熟悉游戏开发流程,掌握一定的交互式设计、游戏策划基础知识;熟练掌握主流二维图形、三维动画软件,能进行电子游戏研发、交互式多媒体设计、虚拟现实制作。为电子游戏制作和发行单位培养优秀的游戏美术设计、游戏策划、游戏制作人才。

　　在掌握外语工具方面,要求学生具有一定水平的听力和阅读本专业外文书刊的能力以及初步的写和说的能力。

3. 招生及录取

（1）北京电影学院本科各专业面向全国招生（含华侨、港澳台地区），无分省计划（文化产业管理专业除外）。

系别	专业（招考方向）	录取原则
动画学院	动画专业（游戏设计方向）	专业考试合格的考生，文化考试成绩达到考生所在省本科一批录取最低控制分数线（文、理）的 70% 后，按专业考试成绩排序，择优录取。

注：分数比值＝考生文化课成绩 ÷ 考生所在省本科一批录取最低控制分数线（对于合并本科批次的省份按考生所在省相关规定执行）（文、理）×100

（2）对于个别省份艺术类考生文化成绩满分与普通类考生成绩满分不一致时：高考文化课成绩比值计算办法依据考生所在省规定执行；对于考生所在省未做出相关规定的，分数比值计算办法为：（艺术类考生文化成绩 ÷ 艺术类高考文化满分 × 普通类高考文化满分）÷ 考生所在省本科一批录取最低控制分数线（文、理）×100。

（3）同等成绩下：优先照顾边疆、山区、牧区、少数民族聚居地区和西部省份的考生和归侨、华侨以及台湾省籍考生、荣立二等功以上的退役军人、烈士子女、有特殊贡献的优秀青年。

三、广州美术学院

1. 学校概况

广州美术学院是华南地区唯一一所高等美术学府。学校前身是中南美术专科学校，1953 年经高等教育部批准创建于湖北武汉，时由中南文艺学院、华南人民文学艺术学院、广西省艺术专科学校等院校相关系科合并而成。1958 年中南美术专科学校由武汉南迁广州，更名为广州美术学院。2004 年学校在广州大学城建成新校区，形成"一校两区"办学格局。学校现为广东省省属高校。

学校现有中国画学院、造型艺术学院、建筑艺术设计学院、工业设计学院、视觉艺术设计学院、美术教育学院、艺术与人文学院、城市学院等 8 个学院和 1 个思想政治理论课教学部。本科教育设有美术学、绘画、雕塑、摄影、艺术设计学、视觉传达设计、环境设计、产品设计、服装与服饰设计、工艺美术、数字媒体艺术、艺术与科技、戏剧影视文学、广播电视编导、戏剧影视导演、戏剧影视美术设计、播音与主持艺术、动画、影视摄影与制作、艺术教育、文物与博物馆学、工业设计、服装设计与工程、建筑学、风景园林、公共艺术等 29 个专业，55 个专业方向。研究生教育有美术学、设计学、艺术学理论 3 个一级学科硕士点，有艺术硕士、风景园林硕士、文物与博物馆硕士 3 个专业学位授权点。

学校有雄厚的师资力量。胡一川、关山月、黎雄才、王肇民、高永坚、迟轲、陈少丰、潘鹤、杨之光、郭绍纲、陈金章、梁明诚、尹定邦、王受之、张治安、黎明、赵健、方楚雄、郭润文等一批当代中国艺术史上的大师名家，都长期在该校执教。教师队伍中，聚集了享受国务院政府特殊津贴专家，国务院学科评议组成员，教育部教学指导委员会委员，中国美术家协会的艺术委员会主任、副主任，中国各美术与设计专业学会理事等一批优秀人才。

学校以人才培养为根本任务，立德树人，注重培养具有社会责任感、创新精神和实践能力的高水平艺术人才和文化创意人才。近年来，该校学生在各类重要赛事与活动中取得优异成绩，如全国美展、国际知名的红点奖、iF 设计奖等。

学校积极参与和融入区域经济文化建设。深圳城雕《开荒牛》、珠海城雕《珠海渔女》、长沙橘子洲《青年毛泽东艺术雕像》，香港、澳门两地回归的广东省政府礼品设计，人民大会堂广东厅、星海音乐厅、广东美术馆、2005 年日本世博会中国馆、2010 年上海世博会主题馆"城市与人"、山西馆等的设计工程，2010 年广州亚运会吉祥物、奖牌、核心图形、色彩体系等 52 项视觉设计等，均出自广州美术学院。

学校积极开展对外教育和学术交流。迄今为止，已与美国加州州立大学长滩分校、英国斯莱德美术学院、法国阿维尼翁高等艺术学院、德国白湖艺术设计学院、意大利罗马美术学院、俄罗斯列宾美术学院、比利时安特卫普皇家艺术学院、瑞士苏黎世艺术大学、日本东京艺术大学、韩国首尔科技大学、泰国艺术大学和台北艺术大学等近 30 个国家和地区的 60 多所艺术院校建立了交流与合作关系。学校积极选派优秀教师、学生到国（境）外学习、进修、交流或从事学术研究；引进高水平美术设计展览，举办高水平国际学术研讨会，创造条件在国际舞台展示该校学术成果和师生优秀作品。近年来，学校通过各种渠道，聘请包括俄罗斯列宾美术学院院长西蒙·伊里奇·米哈伊洛夫斯基教授、意大利罗马美术学院终身教授特劳蒂先生、意大利后现代主义设计之父门迪尼先生、澳大利亚平面设计大师理查德·亨德森先生和美国好莱坞特效大师恰克·康米斯基先生在内的世界知名专家学者来校讲学或担任客座教授,进一步提升学校国际化水平。

2. 专业简介

学制：四年制本科

广州美术学院视觉艺术设计学院动画专业下设娱乐与衍生设计方向。该方向旨在培养面向新兴数字娱乐方向相关产业的专业人才,领域覆盖数字游戏(主机游戏,网络游戏,手机游戏及其他平台游戏)设计制作,商业动画,影像制作,动漫衍生产品,数码类娱乐产品设计,数字玩具设计及其他相关娱乐产业所涉及的设计与制作行业。

3. 招生及录取

（1）根据教育部有关规定,美术类考生须参加省级艺术统考,并取得合格证,方有资格被本科院校录取(未组织艺术统考或对考生报考29所独立设置的本科艺术院校另做规定的省份除外；报考生源所在地省级艺术统考未涉及的专业除外)。报考该校,除美术学(美术教育)、艺术教育、工业设计、建筑学、风景园林以外各专业,均需参加该校组织的普通本科招生专业考试。

（2）外省：校考专业成绩、文化成绩和外语单科成绩达到学校规定的录取最低控制线,根据考生综合分从高到低择优录取。如综合分相同,则按专业成绩择优录取。在综合分达到录取条件后,各专业优先录取第一志愿考生。若考生未被录取至第一专业志愿,则按综合分优先,遵循专业志愿顺序的原则,确定录取专业。同一省份,录取人数总和最多不超过45人。综合分计算方法：文化总分 ÷ 文化满分 ×30 + 专业总分 ÷ 专业满分 ×70。

（3）广东省：文化成绩参照广东省美术类第一批本科院校录取分数线,由学校自行划定。校考专业成绩、文化成绩和外语单科成绩达到学校规定的录取最低控制线,根据考生综合分从高到低,择优录取。如综合分相同,则按专业成绩择优录取。在综合分达到录取条件后,各专业优先录取第一志愿考生。若考生未被录取至第一专业志愿,则按综合分优先,遵循专业志愿顺序的原则,确定录取专业。综合分计算公式：专业成绩 ×70% + 文化成绩 ×30%。

（4）当考生未被录取至填报的专业志愿时,按各专业录取原则调剂到未满额且考生符合录取要求的专业,若考生不服从专业调剂,将予以退档。

（5）校考专业成绩在260(含260)分以上,文化成绩和外语成绩达到学校规定的录取最低控制线,不计算综合分,优先录取。若同一专业符合优录条件人数超过该专业招生计划,则按综合分由高到低择优录取。如综合分相同,则按专业成绩择优录取。

　　注:2015 年该专业录取综合最低分数线为 310.7 分。

四、中国美术学院

1. 学校概况

　　中国美术学院前身为国立艺术院,创建于 1928 年,是国家文化部和浙江省政府共建的一所学科、专业齐全的综合性重点美术学院。学院办学宗旨是培养德、智、体、美全面发展的从事美术创作、设计、理论研究和美术教育的专门人才。中国美术学院位于杭州的南山校区、象山校区和位于上海的张江校区为本科和研究生教育的办学点。

　　中国美术学院影视与动画艺术学院(原传媒动画学院)成立于 2004 年,其基础是 2002 年成立的动画系,是国内较早从事动画教学与研究的单位之一。2004年被国家广电总局授予“国家动画教学研究基地”。2006 年,电影学被列为浙江省重中之重学科,2011 年,获批国家戏剧与影视学一级学科硕博点。

　　该院以培养一流的影像艺术和动漫游创作型人才、探索影像和动漫游文化的中国特色发展之路为己任,努力建设具有世界性影响的国家教学研发基地,代表了中国美术学院新兴学科的发展方向。该院下设动画系、影视系、网络游戏系和摄影系,并设有中国美术学院互动艺术与技术研究所、3D 音画研究所等研究机构。

　　网络游戏系下设网络游戏和多媒体与网页设计两个专业方向。以网络与多媒体技术、虚拟现实技术为基础,集艺术与科学为一体;以跨学科、综合性的特质成为我国游戏产业重要人才的培养基地。该系师资与技术力量雄厚,为网络游戏系的教学、科研构建起一个富于创新精神的学术平台。

2. 专业简介

　　学制:四年制本科

　　该专业主要培养面向游戏产业的专业人才,领域覆盖主机游戏,网络游戏,手机游戏及其他平台游戏的设计制作,学生具备扎实的艺术基础和一定的科学技术能力。

　　主要课程:游戏角色设计、游戏场景设计、游戏道具设计、游戏策划、三维角色设计、三维场景设计、游戏美术创作、数字艺术表现、图形创意、界面与图标设计、信息视觉设计、移动多媒体应用设计、交互概念设计、网站设计。

3. 招生及录取

（1）该校所有专业文理兼招，为艺术类提前批或第一批录取。

（2）专业合格，并且高考文化总分成绩满足最低分数线要求，按综合分从高到低排名，择优录取。专业（类）方向的综合分计算公式和文化总分要求详见下表（文化课分数以总分满分 750 分，单科满分 150 分计）：

专业（类）方向	综合分计算公	文化总分
图像与媒体艺术类	考生专业总分 ÷ 专业满分 ×60 + 考生文化总分 ÷ 文化满分 ×40	报考该院的全国考生均按该院划定的文化课最低控制线进行录取。学院将参考浙江省艺术类本科分数线自主划定文化课录取最低控制线。

注：2015 年该专业录取综合最低分数线为 69.9282 分。

（3）专业考试成绩在各专业（类）名列前茅者（即：招生总计划数少于等于 15 人的，专业考试成绩排名第一者；招生计划数超过 15 人的，以每增加 15 人按专业考试成绩排名递增一个名额，以此类推），文化课总分线可降低 10 分。

游戏设计专业介绍

第二章　专业考试内容概况

不同院校,其游戏专业考试内容也有所不同,大致分为以下三类:

第一类是专业艺术院校动画学院下游戏方向的考试,如中国传媒大学动画与数字艺术学院、北京电影学院动画学院,这两所院校严格按照游戏人才所需具备的基本素质对学生进行全面考查。

第二类是美术学院设置的游戏专业考试,如广州美术学院、中国美术学院,他们注重考查学生的素描、速写、色彩这些绘画基本功。

第三类则只需学生参加并通过各省的艺术统考,如吉林动画学院等。

对于后两类考试各位考生都比较熟悉,在此不做赘述。中国传媒大学和北京电影学院的游戏专业入学考试与后两类有着较大不同,很多绘画能力相当强的学生并不能顺利通过这两所院校的专业考试,其根本在于没有把握规律,扭转思维。现将这两所院校的游戏专业考试内容进行比较和详细阐述,其他院校考生可以此为参考做相应准备。

学　校	考试内容
中国传媒大学	**面试:** ①回答考官提问 ②作品展示:考生展示自己平时创作的作品,素描、色彩作品各不少于 5 张(其中两张必须为长期作业),速写作品不少于 8 张。考官可根据具体情况要求考生进行现场素描、速写或色彩写生考查(考生需自备素描、速写及色彩绘画工具) ③才艺展示:考生展示自己在游戏、美术、音乐、文学、影视、外语、计算机等方面的才艺、习作或相关证书 **专业笔试(命题创作):** ①根据现场模特,在正确刻画模特形象基础上,结合相应命题进行动画角色设计。绘画工具不限,考生自备;考试用纸 8 开,由学校提供;考试时间 1 小时 30 分钟 ②根据命题完成 1 幅游戏场景设计(含角色),要求着色。绘画工具不限,考生自备;考试用纸 4 开,由学校提供;考试时间 2 小时 30 分钟 **文化笔试:** 考试内容为高中文化课中的语文、英语、数学

（续表）

学　校	考试内容
北京电影学院	**初试：** 速写、默写（考生自备画具） **复试：** 命题创作（考生自备画具） **三试（面试）：** 文艺综合常识，综合素质考查（考生自带 5 幅及以上平时画作）

第一节　面　试

面试的时长一般为 5—10 分钟，根据考生临场表现，考官会对面试时间做相应调整。

面试的考核目的有如下几点：

第一，考查学生的综合素质，包括正确的价值观、涵养、专业修养等。从走进考场的那一刻起，你每一个细小的表现都影响着考官对你的评价，所以好的习性、品行养成不可忽视。

第二，发现学生的潜质。学校招收学生希望他（她）具有从事该专业相关的天资、禀赋，通过交谈了解考生的思维、审美，看他（她）是否适合在这个专业领域发展。

第三，挖掘有其他特长的学生。学生有专业外的多项特长，往往思维更加发散，更具创造力，有助于其更快地达到专业上的预期目标。同时，入校后有可能成为各类活动的主力军，为学院带来巨大活力。

一、回答考官提问

该环节一般以考生自我介绍和老师提问的形式来完成。通过互动问答可以了解考生的基本性格、价值取向、文学与艺术修养等方面的情况。

1. 考生自我介绍

要求考生简明扼要地介绍自己的基本情况和突出特点（可介绍自己的爱好、经历、理想、荣誉等）。用于初步了解学生的基本情况，并从侧面反映考生的表达能力，也从一定程度上反映考生的综合素质。

2. 考官即兴提问

考官通过与考生交谈的形式来获得对考生的进一步了解。一般会沿着考生的自我介绍提问,或是提出其他问题,涉及的内容极其广泛,如游戏、网络、计算机、艺术等。如果考官正好是你所谈这个话题方面的专家的话,可能会问得很深入。"请谈谈你对这个专业的理解",或是"请你就某款游戏发表意见"的考题也是屡见不鲜的。

3. 即兴评述

即兴评述就是考生根据现场抽到的题目进行口头叙述和评论。叙述,是指阐明自己对材料的理解;评论,是指就材料发表自己的观点和看法。可以叙述多一点,也可以评论多一点,甚至只评论不叙述,但不能只叙述不评论。

考官对考生即兴评述成绩的评估大致从以下几个方面考虑:立意、结构、表达、交流。要想在即兴评述部分得高分,不妨从以下几方面入手:

首先,观点正确,分析到位。拿到材料后,不要企图找出几个关键词就急于得出结论;要从头到尾通读一遍,读懂材料讲的是什么意思,找到材料的侧重点和考查点,究竟是要你讨论什么事情,从哪些角度谈。

其次,新颖独特,有自己的看法。这并不是说要每位考生都"反弹琵琶",挖空心思求奇求异,而是看问题的角度独具特色。比如有一篇材料的标题是"今天你被监控了么?"讲的是学校教室里安装了监控器,校方和学生反应不一。有位考生自拟了一个题目"监控与监督",然后围绕"什么才是真正有效的监督"展开论述,紧扣材料,有理有据,独具新意,得到了很高的分数。

最后,思路清晰,逻辑清楚。

附录中的高频题目汇编,可以为大家提供一些这个环节的备考思路。

二、作品展示

考官通过考生的作品展示进一步了解考生的专业基础是否扎实,是否有进一步挖掘的艺术潜能。

从展示内容要求上来看:北京电影学院要求的是 5 幅及以上平时画作,不限于素描、色彩这些基础作品,给了考生很大的空间;而中国传媒大学要求素描、色彩作品各不少于 5 张(其中两张必须为长期作业),速写作品不少于 8 张,这明显是考查学生的绘画基本功是否达到一定水平,也将绘画基本功测试这一环节放在了面试中,专业笔试中则不再进行绘画基本功的考查。

当然,除了展示要求的作品,考生还可以大胆展示其他能显示个人艺术才华的作品。

三、才艺展示

才艺展示要求考生在 3-5 分钟内充分展示精通或者达到一定高度的某种艺术技巧。常见的形式有：朗诵、摄影、唱歌、器乐、舞蹈、体操、武术、小品、相声、口技、配音、魔术、模仿、书画、插花、茶道、写作等。

该环节旨在为考生提供一个自我展示的平台,全方位地考查考生的独特才华。具有一定才艺的学生往往能获得考官更多的青睐。

第二节　专业笔试

游戏最后要通过画面呈现出来,因此,具有一定的绘画能力显然有助于游戏的顺利开发。当然,如果你只是立志于在游戏程序开发上有所建树的话,那就另当别论了。目前,中国传媒大学、北京电影学院以及其他美术学院的游戏方向对绘画都有一定的要求。所以,我们先从绘画基础讲起。

一、素描

素描和速写在我国分为两个不同的科目,在西方没有明确的划分,无论是长时间还是短时间的写生都是素描,实际上速写是比较简约的素描,在观察方法以及对空间、形体结构的理解和认识方面都是一致的。

(一)考试目的

素描是用单色的线条或块面来塑造对象的形体、结构、质感、空间感、光感的绘画形式,是所有造型艺术的基础。它能提高我们整体全面地观察事物、准确客观地表现对象的能力,是促进绘画初学习者眼、脑、手高度协调一致的行之有效的方法。因此各专业院校及系科都将其列为造型基础课。

通过素描考试,测试考生对造型的审美感受、观察方法、理解能力和艺术表现能力,判断考生画面构图、对象结构分析、画面空间表现、明暗关系处理以及组织画面的能力。

（二）常见题型示例

　　由于游戏专业的特殊性，素描考试题型很少会出现"瓶瓶罐罐""锅碗瓢盆"，而是对人物进行写生或者默写。尽管近几年中国传媒大学和北京电影学院游戏专业不再进行素描测试，但我们也应该引起足够的重视。

　　1. 中国美术学院（考试时间 3 小时）

　　题目 1：男青年半身像写生，右手托腮，左手放在左膝盖上。

　　题目 2：女青年半身写生，45° 侧脸。

　　题目 3：头像写生。

　　2. 广州美术学院（考试时间 3 小时，8 开画纸）

　　题目 1：头像，男青年写生，再默写一个拿梳子的手。

　　题目 2：头像，男青年写生，再默写一个拿眼镜的手。

　　题目 3：男青年写生，手里拿着一瓶矿泉水。

　　通过分析历年试题发现：素描考试以头像为主，同时手的描绘也是重点，兼带其他道具；半身像也是考试的一大趋势。

二、速写（默写）

（一）考试目的

　　速写考试一直是游戏专业重点考查的科目。北京电影学院和中国传媒大学在近几年的考题中已经取消长时间写生的素描考试科目，把速写和默写作为考试重点。可见速写考试在游戏专业应试中的重要性。和长时间素描写生不同的是，速写注重培养敏锐的观察力和快速造型能力，通过速写考试可以了解考生对所表现对象的观察、概括和表达能力。

（二）考试内容

1. 单张动态慢写

　　考查学生对动作的概括能力，对对象形态、结构的理解以及基本的绘画能力（图 2-1、2-2）。

图 2-1 安格尔速写

图 2-2 阿图尔·康勃夫速写

2. 单张动态速写

这类速写要画出某个较激烈的动作的瞬间，懂得专注于最关键、最有力量的一张（图 2-3）。

图 2-3 德加速写

3. 连续动态速写

这项内容的考查重点不是绘画能力,而是对"运动连贯性"的表达(图 2-4)。

图 2-4　叶浅予速写

4. 连续动态默写

这项内容主要考查考生对人体结构的掌握,对运动的理解程度以及基本的对象表现能力(图 2-5、2-6)。

图 2-5　金政基速写

图 2-6　门采尔速写

（三）常见题型示例

1. 中国传媒大学：

（1）题型1

　　题目1：男（女）学生，左手叉腰，右手自然下垂，脸向左看，站姿速写，30分钟。

　　题目2：青年人物速写，30分钟。

　　题目3：左手叉腰站立速写写生1张，30分钟。

考试用纸8开分两部分，考试时间1小时30分钟（完成速写和设计题目）

（2）题型2

　　静态人物写生1幅：头像写生，写生对象为监考老师，30分钟。

　　命题人物动态默写（含环境）1幅：打乒乓球的两个动作，要求以模特为原型，带场景，40分钟。

　　考试用纸8开（学校提供），绘画工具不限（考生自备）。

2. 北京电影学院

（1）题型1

　　一个人早上起床，有人敲门，穿鞋，开门，门口张望。要求场景、颜色、10个动作。

（2）题型2

　　题目1：

　　①速写：（纸左边画）一个模特拿碗拿筷子站立写生，30分钟；（纸右边画）两个模特组合写生，20分钟；空隙画10个手部动作带小臂，20分钟。

　　②默写：角色以模特为原型，搭配模特画场景。在一个两边有小商店的路口，他走过来，看到倒下的自行车扶了起来，推着自行车走，不断张望，然后骑上了自行车。请画连续10个动态，并给场景和人物着色。

　　题目2：

　　①静态速写：一个三十多岁玩着手机的时尚辣妈，10分钟。

　　②动态速写：2米的高度俯视辣妈玩手机，突然看到一条短信，兴奋得跳了起来，手舞足蹈的动态情景，15分钟。

　　题目3：

　　①静态速写：站立的男青年手里有个报纸筒，扭动姿势。

　　②动态默写：根据写生模特相貌画连续的穿裤子动作，不少于3幅。

（3）题型3

速写、默写（考生自备画具），时间 1 小时 30 分；8 开纸分两部分完成，写生和默写各占 16 开。

题目 1：

① 5 分钟默写一个偏胖中年妇女，穿长袖睡衣套装，裤管拉到膝盖处，左手拿水杯，右手拿杂志在看，站立。

②以从地面 50 公分仰视角度为视角，一位妇女坐在椅子上看杂志，伸手拿水杯喝水，把水喷出跳起，用右手的杂志砸向地上的蟑螂，画出 10 个连续动态。

题目 2：

①根据油画照片进行速写写生，内容为一个胖老头在拉大提琴，一个小女孩背对着画面，15 分钟。

②一个坐在沙发上胖胖的中年男性从沙发上站起来转身去开门，画出 10 个连续动态。

题目 3：

根据一张拿破仑的线描照片，画出 5 个连续的击剑动作，最后一张关键帧人物必须是正面或四分之三侧，并画出 5 个该人物的面部表情和 10 个不同的手部动作。

3. 广州美术学院

8 开素描纸（学校提供），40 分钟。

题目 1：冲刺，三个人，跑步。

题目 2：（默写）在运动场上接力赛时，一男青年向女青年交接力棒时撞到一起。

题目 3：（写生）一个男模特坐姿，手拿一瓶矿泉水；再默写正在站着喝水的一男一女。

4. 中国美术学院：

（1）题型 1

30 分钟单人慢写，15 分钟快写。

（2）题型 2

临摹大师（图 2-7）。

（3）题型 3

题目 1：

① 1 张慢写：坐姿，翘二郎腿，右腿在上，右手搭在右腿膝盖上，左手搭在右脚鞋

图 2-7

上,30分钟(含5分钟休息时间)。

②1张快写:动态如慢写,10分钟。

③1张快写:站姿,重心在左腿,双手叠交放在胸前,10分钟。

题目2:

A动态:4字形架腿坐姿,两手放在架起的腿上看书状;B动态:重心在右腿,左腿后迈一步,腰向右转,目视前方,双臂抬起一高一低。A动态30分钟、10分钟各1张,B动态10分钟1张,3张画在同一张4开纸上,横构图。

题目3:

①1张慢写:坐姿男青年,右腿翘在左腿上,两手打开作看书,30分钟。

②2张快写:快写慢写动态和快写站姿。

三、命题创作

(一)考试目的

命题创作是对考生综合能力的一项测试,是拉开考生分数差距的重要科目。通过命题创作可以全面考查学生的艺术想象能力、画面表现能力、造型能力、叙事能力等。

(二)常见题型示例

历年试题显示,游戏专业的命题创作以角色设计和场景设计为主,有时会和其他专业考题一样。因此,多格漫画和分镜头的创作也要掌握,请参考该系列《动画应试技巧》一书。

1. 中国传媒大学

(1)题型1

根据现场模特,在正确刻画模特形象基础上,结合相应命题进行游戏角色设计。考试用纸8开(学校提供),绘画工具不限(考生自备),考试时间1小时30分钟。

根据命题完成1幅游戏场景设计(含角色),要求着色,考试用纸4开(学校提供),绘画工具不限(考生自备),考试时间2小时30分钟。

题目1:

①人物设计:参照模特的动态和样貌特征,将人物设计成超市里的招待员。

②场景设计:奇妙屋,室内,最少出现2个人。

题目 2：

①以人物速写青年为原型，设计一个正在玩游戏的角色，上色。

②《蛇马会》：我们送走蛇年迎来了马年，蛇将工作传递给马。根据题目设计一个游戏场景，需出现标题相关的角色。

题目 3：

①根据速写写生形象，以未来战士为题，在其四肢及背等部位加入机械构造，并配备杀伤力强大的武器装备，完成任务形象设定。

②《远古飙车族》："你们历史书上说车轮是古巴比伦人发明的，其实你们错了，我们十几万年前的飙车族已经在使用车轮，并享受从山上冲下去的感觉，哇……"根据题目完成场景设定，表现技法不限。

（2）题型 2

根据命题完成 1 幅游戏场景设计（含角色），要求着色，考试用纸 4 开（学校提供），绘画工具不限（考生自备），考试时间 4 小时。

题目 1：经过了重重地困难，宇航员们终于来到了月球，来到了月宫附近。以"飞天"为题进行创作，要求出现两种以上的航天飞行器。

题目 2：以"遗迹"为主要出发点：远古气势高大雄伟，密林中的装饰和建筑不是任何人类已知的任何文明，考古学家正在探索遗迹时，危险正在悄然而至。

题目 3：以"机械迷城"为主要出发点，设计人物形象，要求一个男性、一个女性和一只野兽。

2. 北京电影学院

（1）题型 1

根据题目创作六格等大的漫画（格子是规定好，考生不能任意改变格子大小），第一格可以上色，其余不允许上色，不允许出现文字，考试时间 3 小时。

题目 1：时尚辣妈只顾着玩手机，不理会身边的小男孩，孩子想方设法吸引妈妈的注意力。

题目 2：一女白领回家开门，发现门前有个婴儿在嚎啕大哭……

（2）题型 2

8 开纸，设定部分和场景部分各占 16 开；考试时间 3 小时 30 分钟。

题目 1：《不速之客》，要求：进行人物设定、动物设定、道具设定，分别画出设定图的正、侧、背三视图（各不少于一个、可以不着色）；根据上述设定完成一张场景设计,必须着色。

题目2:以失落的帝国亚特兰帝斯为题,画出两个主角和一个配角,并分别画出转面;根据上述设定完成一张场景设计,必须着色。

题目3:《武松打虎》,要求:以"武松打虎"为基本元素,画两幅游戏场景:一幅是打虎中,另一幅是胜利。除老虎和武松两个形象外,再在场景中设计两个角色。

题目4:设计一个超级乐队,三个角色,画出三个转面,并设计乐队在表演的气氛效果图,必须着色。

第三章　专业知识前期准备

第一节　专业书籍的选择

一、素描

市面上这类书比较多,大家可自由选择。

1. 钟伟安:《国美教学 1：素描头像》,中国传媒出版社 2012 年版

2. 王斌:《学院派基础训练：师说头部骨骼与结构》,湖北美术出版社 2013 年版

3. 唐华伟:《快速提高素描技法系列教材 03：魏志晖人头像素描表现实例》,中国民族摄影艺术出版社 2006 年版

4. 教学对话编委会:《教学对话：人物解剖专题》,江西美术出版社 2011 年版

5. 安滨:《学院派教学——素描半身像及全身像》,江西美术出版社 2011 年版

二、速写

速写是考试的重点,前三本为重点推荐。

1. 沈兆荣:《人体造型基础》,上海教育出版社 1986 年版

2. 李景凯编译:《应用人体结构》,广西美术出版社 2011 年版

3. ［美］道格·贾米森著,余忠、夏霖译:《向大师学绘画：如何默写人体》,中国青年出版社 2000 年版

4. ［美］伯恩·霍加思著,周良仁译:《动态素描：着衣人体》,广西美术出版社 2000 年版

5. ［日］西泽晋著,刘月译:《日本超级漫画课堂：人物素描与写实》,辽宁科学技术出版社 2014 年版

6. 江苏美术出版社编:《人体动态 6000 例》,江苏美术出版社 1987 年版

7. 陈静晗:《动画动态造型》,京华出版社 2011 年版

三、角色、场景设计

1. 俞丰、任春:《新概念中国美术院校视觉设计教材：游戏角色设计教程》,浙江人民美术出版社 2012 年版

2. 张静:《动漫造型基础》,高等教育出版社 2006 年版

3. [韩]金守荣著,邱春红译:《国际游戏场景设计》,中国青年出版社 2014 年版

4. 度本图书:《国际 CG 场景设计：从草图到成稿》,中国青年出版社 2014 年版

5.《卡通插画百科》,[日]PIE BOOKS 出版社、中国青年出版社 2000 年版

四、面试

郑雅玲:《报考艺术院校快速充电：文艺知识小百科》,中国戏剧出版社 2008 年版

五、其他

孙聪、黄勇、李剑平主编:《北京电影学院动画学院考生考前必读》,北京联合出版公司 2013 年版

<h2 style="text-align:center">第二节　基本技能训练</h2>

一、素描

素描以半身像为训练重点,同时要掌握全身像和头像的绘画技巧。

达芬奇认为绘画是最有用的科学。原因是：1. 以感性经验为基础; 2. 能像数学一样严密论证。作为绘画的重要组成部分,素描也具有以上两个关键特征。因此,学习中我们必须做到以下几点：

第一,理解对象的形体结构。

对于素描来讲,关键是要深入理解对象的形体结构。无论是静物还是人物,都是按照对象自身的规律来构造的。因此,无论怎样强调对象形体结构的重要性都不为过。《谁陷害了兔子罗杰》的导演威廉姆斯在 50 岁功成名就之后重新学习解

剖学，并采用由内到外的绘画方式，他这样做的目的是弥补自己绘画中错过的一个重要阶段。他以前身陷动画的"工业模式"，画得太线条化，往往只画出人物的外形，就像图画书里的人物一样，而做不到像雕塑家一样从结构到外形（由里到外）地绘画。

　　人物写生（默写）是历年来素描考试的常见内容，所以，我们必须花时间深入理解对象的每一块骨骼和每一组肌肉（图 3-1、3-2、3-3、3-4、3-5），做到准确"解读"写生对象任意一个角度的内在构造。

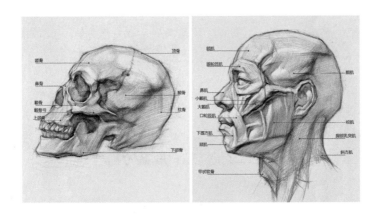

图 3-1　人头部的骨骼和肌肉

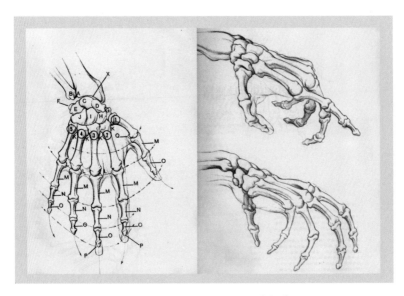

图 3-2　Burne Hogarth 绘制的手部骨骼

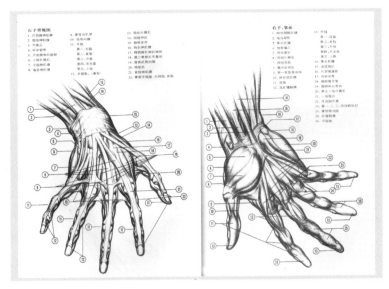

图 3-3　Burne Hogarth 绘制的手部肌肉

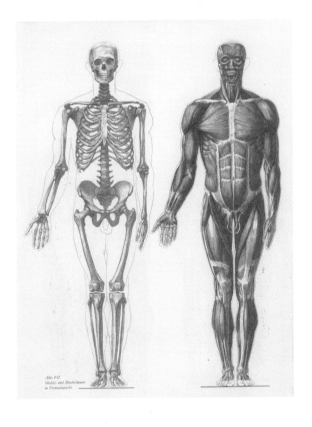

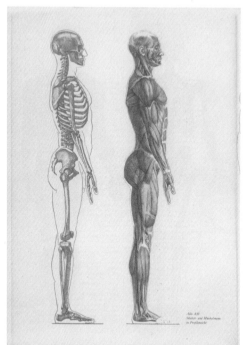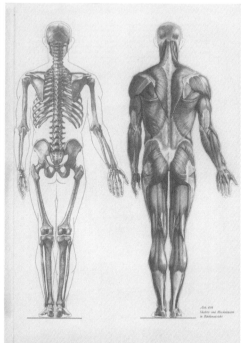

图 3-4　Sarah Simblet 绘制的人体骨骼和肌肉解剖(《Anatomy for the Artist》)

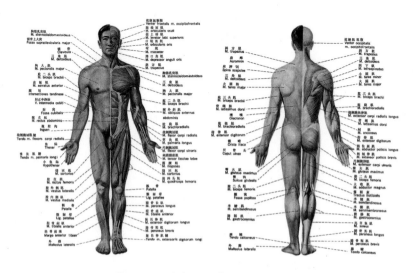

图 3-5　肌肉解剖和实拍人物的对照

　　骨骼和肌肉是表现对象的基础,所谓"皮之不存,毛将焉附",只有深刻地理解了对象这些最根本的东西,才能准确地表达对象。米开朗基罗、达芬奇、拉斐尔、费欣等都在这方面花费了大量的心血专研,所以他们的作品才能带给世人认同感。

　　头部一直是人物写生的重点。无论是胸像还是半身像也都是以头部为主导,手部为呼应。通常情况下,如果缺少对头部的具体表现,素描就失去了视觉的中心,也就失去了对人物精神的具体刻画。

　　手部的刻画在素描半身像写生中,是继头部之外的又一重点表现对象。手的表现能够充分反映人物的动作特点和内在精神活动,是"心灵的窗口"。但由于手的结构复杂,加上手的动作变化之多,以及年龄的区别,手的表现也就显得格外不容易。俗话说"画马难画走,画人难画手"。手指的形状虽然相似,但由于变化万千,要想对其准确把握也绝非朝夕之事。

图 3-6　费欣作品

　　大师以线面结合的方式表现对象,线条准确暗示着骨骼的走向,淡淡的调子全部附着在对象内部的结构上。(图 3-6)

图 3-7　弗洛伊德作品

大师以宁拙毋巧的手法严谨地塑造了对象的骨骼和肌肉。(图 3-7)

图 3-8　靳尚谊先生作品

靳尚谊先生的这幅作品具有强烈的雕塑感,内部的骨骼和赋予其上的肌肉跃然纸上。(图 3-8)

作品以简洁的线条衬以少量色调,准确地表现出对象的内在结构。(图3-9)

第二,用比例、透视、明暗等准确构造形象,把握基本的构图法则。

西方艺术的优点,就在于它的科学精神。对象的"形"除了内在结构,还包括比例、透视这些基本要素。这些知识需要我们进入高校前花工夫认真的学习,一定要了解透,不能一知半解。目前,市面上这方面的参考书籍也很多,认真地临摹、思考,扎实地掌握这些基础知识,以后才可能在游戏动画的道路上走得更远。下图充分地展示了古今艺术家对形体质感、体积、光影的深入认识,以及如何严谨地塑造对象(图3-10、3-11)。

图3-9　倪军素描作品

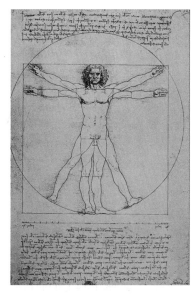

图3-10　达芬奇人体比例研究

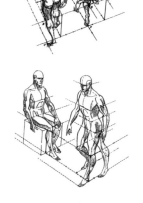

图3-11　Burne Hogarth 透视研究

　　我们也习惯借助明暗来造形。
但明暗又不同于光影,要知道光影
可变,不变的是形(图3-12)。

　　处理明暗时,明暗交界线的软
硬、厚薄、轻重、缓急、松紧最关键,
上下要贯穿联系,黑白灰要分出一、
二、三、四,形成节奏感(图3-13)。

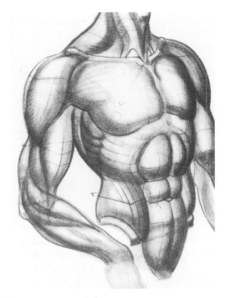

图 3-12　Burne Hogarth 借助明暗塑造形体

图 3-13　鲁本斯素描作品中的形体表现

　　构图时，注意将人物安排于画面视觉中心，大小适当，以保持画面平衡。注重人物头、颈、肩整体在画面中的关系。避免过偏、过满、过空等现象（图 3-14、3-15、3-16）。

图 3-14　徐悲鸿素描

（构图饱满，脸朝方向空间舒展）

图 3-15　伦勃朗素描

（正面的脸两边空间平均，但肩膀扭转打破平均留空带来的单调感）

图 3-16 安格尔素描

（脸朝方向空间开阔，三角形构图稳定，身子和脸方向不一致给人生动之感）

第三，掌握衣纹的表现规律。

素描半身像的表现方法，或全因素调子，或单纯用线，或线面结合，都离不开对具体衣纹的刻画。衣纹是依附于人体躯干和肢体运动的外在呈现，每一条衣纹的变化都不是孤立的，或疏散或密集，集中反映了内在形体结构的变化特点。为了整体的需要，我们虽然可以概括，但关键部位的衣纹能够更好地表现形体，充实画面语言，体现审美情趣。因此衣纹的穿插是充分表现人物半身像不可或缺的要素。

衣纹的表现最重要的不是如实地画出它的每个褶皱，而是既能表现面料质感又能暗示对象内在形体，大师作品无一例外地向我们展示了这一点（图 3-17、3-18）。

图 3-17 Burne Hogarth 素描作品

图 3-18 安格尔通过衣纹表现了不同的面料

第四,提炼特征,以形写神。

掌握了前面素面基本技巧还不够,所有那些都为表现对象服务。所以我们必须增强审美的训练,提高艺术表现能力。我们必须掌握如何进行概括归纳,大胆取舍,使画面主次关系明确,整体完整统一,增强作品的感染力的方法。为素描的终极目标——"以形写神"服务。经典的素描作品不是技巧的炫耀,而是表达对象的生命和神韵(图 3-19、3-20)。

图 3-19 鲁本斯素描肖像作品
(妇人的眼睛、嘴唇生动地表现了
精神面貌和内心世界)

图 3-20 席勒素描作品
(线条准确地表达出老人的
沧桑感和内心的苦闷)

二、速写

前面谈到的长时间素描考查的是学生审美能力、对象塑造能力,而速写作为一门重要的基础训练课程和艺术表现形式,在于考查学生是否具有敏锐的观察能力,以及捕捉形象的表现技能,是当前动画专业入学考试的重头戏。画好速写要遵循科学的方法,深入理解人体结构及运动规律,将写生、临摹、默写、慢写、快写多种训练方法相结合,做到可以默写出任意一个角度的人体形态。

(一)深入理解人体基本知识

1.比例

人体的比例可以归结为"立七坐五盘三半"和"臂三腿四"之说。人体比例是以头的高度为基准,正常站姿为七个或七个半头高。坐时为五个头高。盘腿时为三个半头高。胳膊的长度从肩关节算起至中指指尖为三个头高,上臂为一又三分之一个头高,前臂为一又三分之二个头高。腿部长度为四个头高,大腿和小腿各为两个头高。具体到手部和脚部的长度,手的长度与脸部的宽度接近,脚的长度和脸部的高度接近(图3-21)。以上是人体各部的基本比例范围,可供画速写时候参考。

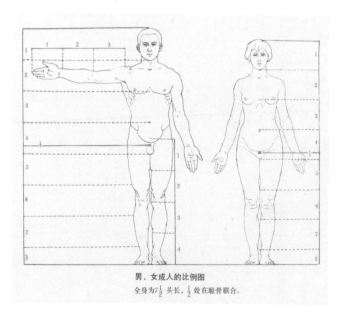

男、女成人的比例图
全身为7$\frac{1}{2}$头长,$\frac{1}{2}$处在耻骨联合。

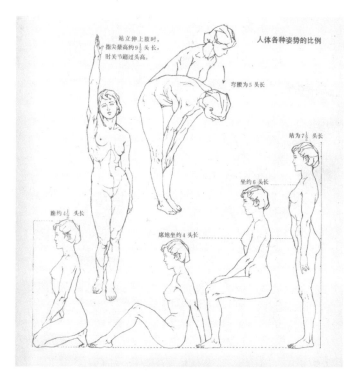

图 3-21

（图片来源于沈兆荣编著的《人体造型基础》）

2. 透视

绘画是在平面上表现空间和立体的艺术，其表现过程需要运用客观的透视规律来表现（图 3-22、3-23、3-24）。速写同样不能例外。对于人体透视的研究，要对人体的形态进行几何形体的概括，有利于迅速分析和正确理解人体在空间形成的透视关系。

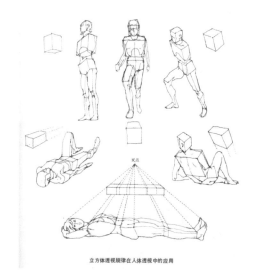

图 3-22

（图片来源于沈兆荣编著的《人体造型基础》）

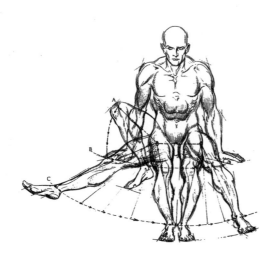

图 3-23　Burne Hogarth 对人体透视的精确描绘

图 3-24

3.结构

关于人体的结构主要指骨骼和肌肉的组织规律,以及基本体块的构成与运动关系。前面素描部分已经强调了它的重要性,考生可通相关参考书籍来学习人体解剖等基础知识,加强对人体骨骼、肌肉的了解,为画好人物动态速写做好铺垫。

(二)掌握人体运动规律

运动状态下的人体千变万化,掌握人物动作的要领,关键要把握"一竖、二横、三体积、四肢"。

"一竖"即脊柱线,是连接头颅、胸廓、骨盆的一根"S"形曲线(图 3-25),这条曲线的走向决定了动作的特点。我们在画速写时应该首先抓住这条动态主线(图 3-26)。

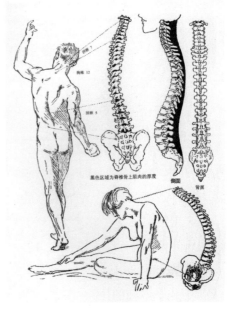

图 3-25　伯里曼对脊柱的研究

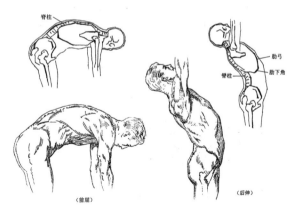

图 3-26

　　"二横"是指肩线（左右肩峰的连线）与骨髋线（左右髋关节的连线），它们位于躯干的上下两端,是躯干连接四肢的纽带。二横线除人体在立正姿势时呈水平状平行外,活动时均呈相反方向的倾斜（图 3-27）。

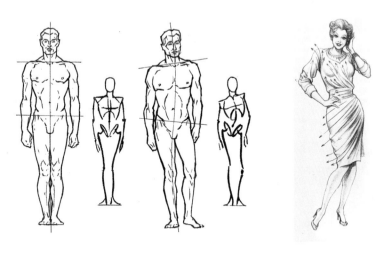

图 3-27

　　"三体积"即由人的头、胸廓、骨盆分别概括而成的三个立方体体积。它们是人体中三个不动的体块,靠脊柱连为一体,其运动也受到脊柱的支配和制约,在脊柱的联动作用下,三个体积会呈现出方向与角度的透视变化,形成俯视、倾斜、扭动等各种动态。因此,掌握三大块的组成关系,对于速写非常重要（图 3-28）。

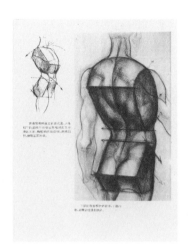

图 3-28　伯里曼对人体的分析

　　"四肢"是指两条胳膊和两条腿（我们也把这四条连线称为动态支线）。它们都是分别连接在躯干上下两端呈圆锥形的体块，通过关节处的活动而呈现不同动作，四肢受制于三大块的运动，但自身也有一定的独立性。在"一条线、两个枢纽、三大体块"准确的情况下，四肢的不同造型和变化为人体运动注入了更加丰富的动作语言（图 3-29）。

　　"一竖、二横、三体积、四肢"可以作为画速写时的重要参照，也可以利用它检查、纠正动态造型。当然不是掌握了这些就能够画好速写，平时要多练习、多思考，多临摹优秀作品，提高自己的审美和手头功夫，这样，笔下的人物动作才能逐渐合理、自然、生动。

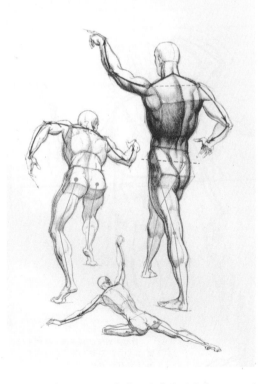

图 3-29　伯恩对人体姿态的分析

（三）掌握人体运动与衣纹的表现技巧

表现人物动作速写，离不开对人体形体结构的理解和对人体运动规律的研究，但要充分表现人物速写还需要掌握表现方法。着衣状态下的人物结构、动作，需要靠衣纹来体现。如何通过衣纹来表现，大致可归纳为以下三个部分：

1.衣纹与结构

衣纹的变化是人体运动的外在体现，衣纹与人体的形体结构相互依存、互为表里。人体任何部位的衣纹都不同程度地反映了内部结构的起伏变化（图3-30）。衣纹用线具有一定规律，即朝关节集中（图3-31、3-32）。

图 3-30

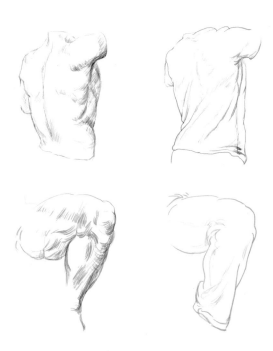

图 3-31　衣纹和人体内部结构互为表里

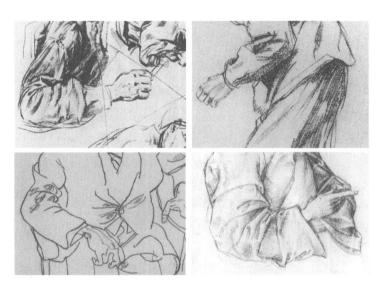

图 3-32　大师作品中的衣纹表现

2. 衣纹与轮廓

　　生活中,我们大部分时间都被衣服包裹,所以如何表现衣纹成为速写的一个重点,其根本是把握好人物的轮廓线和衣纹线(图 3-33)。

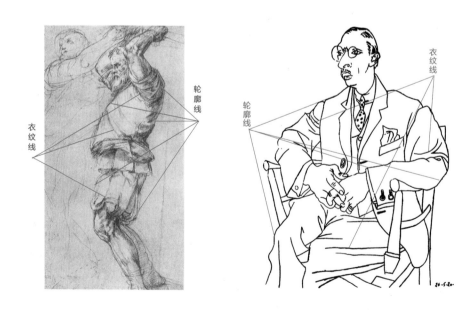

图 3-33

　　轮廓线是指人物动作形体的边线,可分为内轮廓和外轮廓。由于形体的运动,产生轮廓线条的前后穿插。内轮廓线条聚集,穿插较多;外轮廓结构隆起,几乎没有布纹,线条的穿插也较少。因此,轮廓线要注意衣纹上下前后的穿插,并通过轮廓线准确反映动作的幅度和体块的运动方向等。

　　衣纹线既有由服饰本身构造形成的,也有关节弯曲形成的,它是表现画面疏密效果的关键所在。在表现衣褶时,要抓住关键的几条衣纹线进行强调,找准前后的穿插关系,避免不分前后上下的线条堆积。服饰本身的装饰线对于动作速写不是十分重要,但衣褶、布兜、衣襟缝纫线、服饰图案等的添加,有利于表现画面的疏密、增强画面的审美情趣。

(四)提升线条的艺术水准

　　线条本身具有丰富的表现力。前面提到的对人体结构能用线条准确地表现出来也只是一个基本要求。透过线的长短、粗细、虚实、强弱、方圆、顿挫、急缓变化,通过疏密、聚散、巧拙的对比,让作品充满感染力和艺术性是速写的终极追求。线条不仅能反映出线的组织美感,同时还能彰显作者的激情和审美倾向。因此,在平时练习中我们有必要认真学习大师的作品,从而提高自身的审美能力(图3-34、3-35)。

图3-34　安格尔速写

图 3-35 康勃夫速写

在平时的练习中,40-60 分钟的慢写和 15 分钟的快写都要有,这样在考场上才能应付自如。尤其规律性动态速写(即模特重复做一个动作,考生画出几个关键姿势),已成为目前的常见考题,考生需加强这方面的训练。

三、命题创作(角色、道具、配件与场景设计)

任何工作的开展都离不开称心如意的工具,命题创作除了铅笔,还需要准备彩色铅笔、马克笔、水彩、直尺等。

(一)风格

保持整体风格的统一性是游戏设计的基本要求,卡通的角色配上写实的场景会有违和感,所以在动笔之前首先要确定游戏受众和游戏风格。目前少儿游戏以卡通风格居多,而成年人游戏则偏重于写实性。当然这还会因游戏硬件及其媒介的不同而有所不同。

1. 写实型

其特点是:结构准确,比例严谨。在此基础上,人物性格突出、形象完美。这种西方式的理念和审美被欧美游戏广泛使用,如《白骑士物语》《铁血船长》《劳拉》《古墓丽影》等。

图 3-36 《白骑士物语》角色造型

图 3-37 《古墓丽影》角色造型

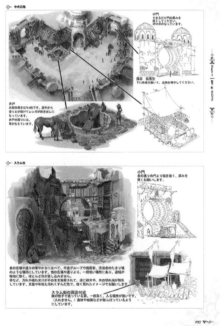

图 3-38 《白骑士物语》场景设计

图 3-39　《Chaos Online》场景设计

图 3-40　《剑灵》场景设计

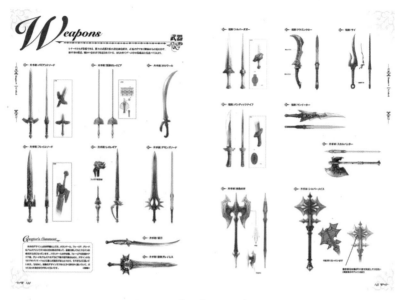

图 3-41 《白骑士物语》道具

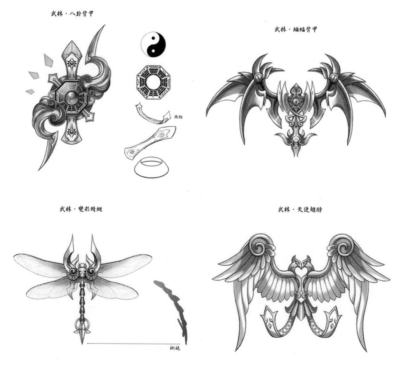

图 3-42 《武林群侠传》道具

2. Q版卡通风格

Q本义为"可爱",是英文Cute的谐音,所以Q版造型通指可爱的造型。和写实角色相比,Q版造型的体型、表情、头发、服饰等都在真实对象的基础上做了很大的夸张变形。像《梦幻国度》《三国豪侠传》《王者世界》等都属于这类风格。

其特点是:头大身子小(Q版角色一般有两头身或者只有三至四头身);符号化(Q版角色的眼睛、鼻子、嘴巴经常用几何形体概括)。

图 3-43 《梦幻国度》角色造型　　　　图 3-44 《王者世界》角色造型

图 3-45 《三国豪侠传》角色造型

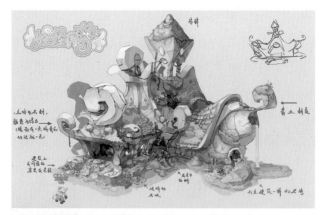

图 3-46　Q版场景设计

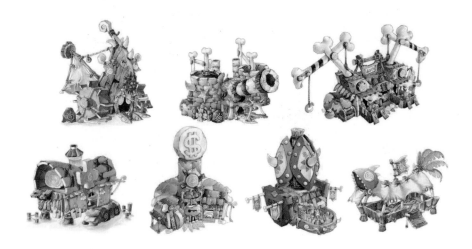

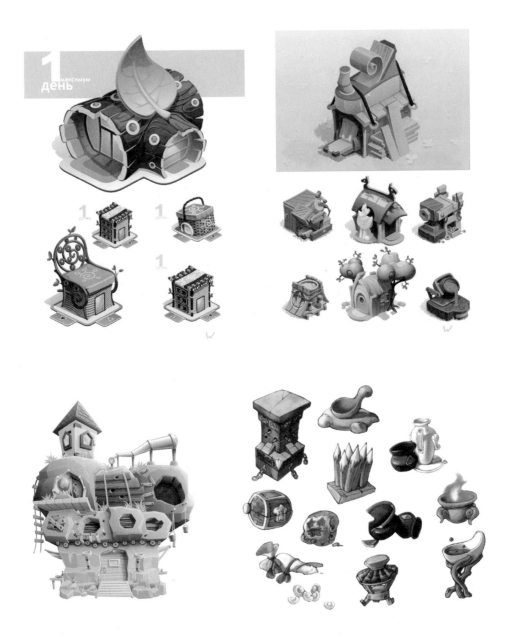

图 3-47 Q版道具设计

（二）人物画法

1. 写实人物

写实人物画法的基本流程是：草稿——线稿——上色，其中草稿设计尤为重要，反映出你对角色的理解和审美设计能力。

任何角色我们可以归纳为不同几何体的组合（图 3-48、3-49、3-50）。

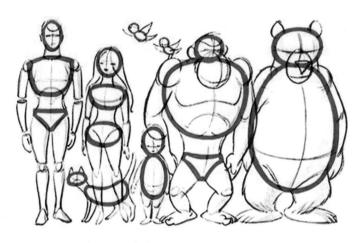

图 3-48　布莱尔对角色的几何形体归纳

图 3-49　Антон Курятников 对形体的理解

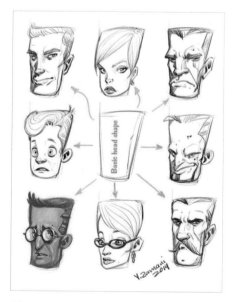

图 3-50　Youssef Zamani 对几何体的演绎

　　所以根据角色的定位,最原始的几何体一定要多花些时间推敲。下面我们可以看到这些优秀的角色设计里暗含的几何形体(图 3-51)。

图 3-51

在几何体的基础上再加上动态线,角色的特征就十分明显了(图 3-52)。

图 3-52

关键特征画好后,逐步添加细节,清理线稿后再上色。设计时要重视饰物的重要性,饰物既能增加角色美感,同时又能体现角色身份(图3-53)。

图3-53　左图无饰物,右图是添加上饰物后的最终造型

2. Q版人物

Q版人物并不是随意缩短人物的个子或是省略身体部分,同样要遵守人体结构和透视关系的规律,将其作为一个整体考虑,结合人物的特征做出相应的夸张(脸、脖子、额头、头发等)(图3-54)。

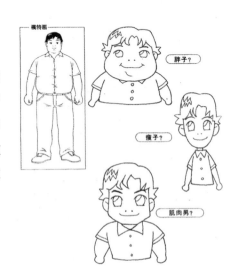

夸张眼睛的特征　　夸张鼻子的尺寸　　　　夸张开朗的感觉　　夸张率朗、顽固的印象

夸张体格　　夸张干瘦的身材，软弱的气质　　夸张体形（肥胖）　　夸张嘴巴的巨大

图 3-54

眼睛以圆和椭圆为主，易被大家接受，眼睛通常大又亮。

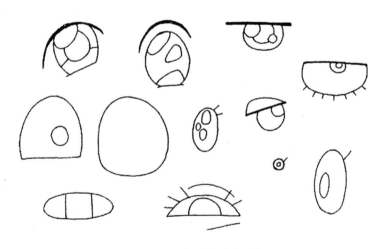

图 3-55　各种类型的眼睛

不同的角色眉毛也不一样,有粗、有细、有方、有圆,但都是两根线的变体。

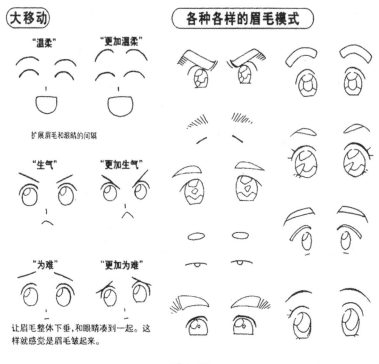

图 3-56

鼻子和眼睛一样,是拥有强烈个性的部分。不过创造面孔的时候,要么眼睛比鼻子突出,要么鼻子比眼睛突出,不能两者一样,否则特征就会相互抵消。大多数情况下,女性和小孩的鼻子很小,给人柔美的感觉。圆圆的大鼻子给人温和的印象,尖勾的鼻子会给人带来恐怖感。

圆圆的大鼻子会带给人温和的印象。　　有很大角度的鼻子会带给读者神秘性或是恐怖感。

图 3-57

耳朵只要简单概括轮廓,男性可以露出很多,女性多半被头发遮住。

图 3-58

通过头发很容易体现角色特征,如性别、身份、性格和年龄。

图 3-59

手的画法多样,但不管怎么简化都要遵循结构。

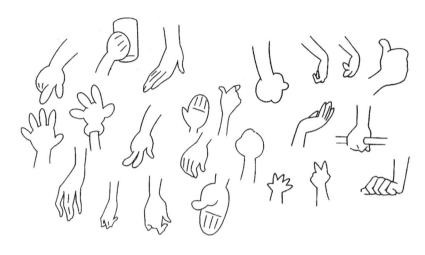

图 3-60

以下是创作好的完整 Q 版角色。

图 3-61 《鹿鼎记》角色欣赏

3. 人物转面、表情标准画法

由于角色在场景中要运动起来,所以一般都要求绘制出其转面和各类表情,这需要一定的空间想象力。下面提供一些作品,供大家做练习时参考(图 3-62、3-63、3-64)。

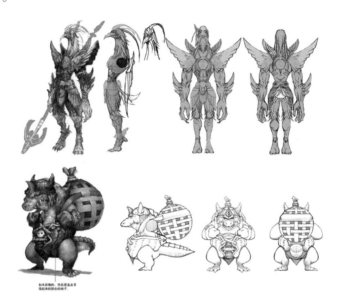

图 3-62 《TERA》角色设定

考试时一般只需画正面、侧面和背面,但对于游戏来说越细越好。

正面　　　　侧面　　　　背面

图 3-63

有时候也可能会要求画一些表情，但目前还没出现这类考题。

图 3-64

（三）场景设计

1. 透视

画好场景，先要了解相关的透视知识，可以找一本透视学的书籍系统学习一下。好的场景设计都是以遵循透视规律为基础的。

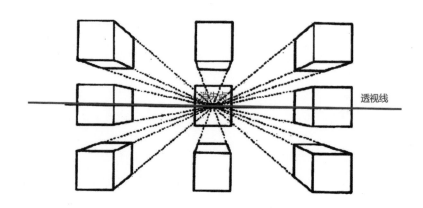

图 3-65　一点透视原理

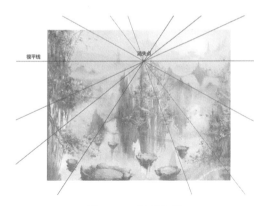

图 3-66　透视分析

图 3-67　一点透视（最终效果图）

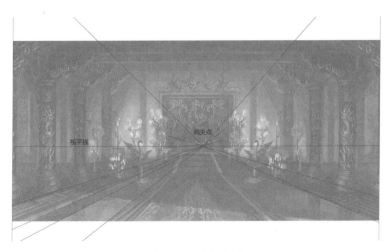

图 3-68　透视分析

图 3-69　一点透视（最终效果图）

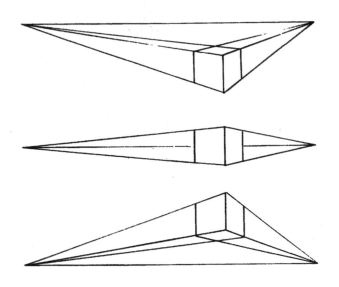

图 3-70　两点透视原理

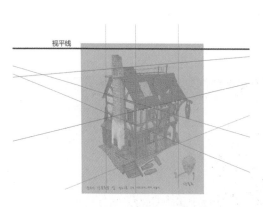

图 3-71　两点透视分析

图 3-72　最终效果（两点透视）

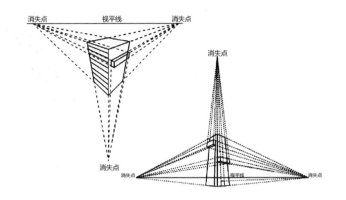

图 3-73 三点透视原理

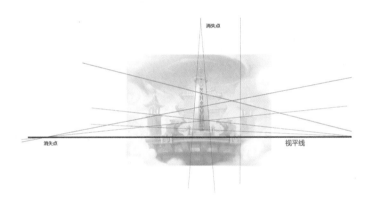

图 3-74 三点透视分析

图 3-75 最终效果（三点透视）

2. 镜头角度

（1）平视：镜头与被摄对象在同一水平线上。其视觉效果与日常生活中人们观察事物的正常情况相似，是最自然的观察角度。平视被摄时对象不易变形，使人感到自然、平等、客观、公正、冷静、亲切。平视镜头是一种非常中性化的镜头，是我们多数情况下的选择。（图 3-76、3-77）

视平线

图 3-76

图 3-77

（2）俯视：从上往下观察的角度，俯视镜头能清楚的看到环境中对象的活动范围和运动轨迹。（图 3-78）

图 3-78

（3）仰视：从下往上观察的角度。仰视镜头充满了紧张感、压迫感，常被用来表现宗教建筑中的神像、神秘的建筑。（图3-79）

图 3-79

（4）斜视：就像人们歪着脖子观察物体的角度。斜视常用于运动画面，能增强画面的活泼感、不稳定感。（图3-80）

图 3-80

3. 景别

景别是指由于摄影机与被摄体的距离不同,而造成被摄体在画面中所呈现出的范围大小的区别。

景别一般可分为三种,由近至远分别为中景、全景、远景。

(1)中景:中景能清楚地展示环境细节和人物动作(图 3-81、3-82)。

图 3-81 《白骑士物语》中景

图 3-82 《白骑士物语》中景

（2）全景：全景画面既不像远景那样由于细节过小而不能很好地进行观察，又不会像中景画面那样不能展示人物与环境的关系。因此，全景画面比远景更能够全面阐释人物与环境之间的密切关系。（图3-83）

图3-83　《白骑士物语》全景

（3）远景：一般用来表现故事环境全貌，展示人物及其周围广阔的空间环境、自然景色和群众活动大场面。它相当于从较远的距离观看景物，视野宽广，能包容广大的空间，背景占主要地位，画面给人以整体感，细部却不太清晰。（图3-84）

图3-84　《诛仙2》远景

4. 构图

当我们对前面的知识有了初步了解后,就进入场景设计的关键环节——构图。构图也称为布局、设计,其目的是将画面个元素组织在一起,并清楚、有趣地传递出要表达的信息。不同的构图对画面信息的传达效果完全不同。

游戏画面构图的本质是如何合理搭配视觉元素(点、线、面)和运用构图原理(对比、平衡、节奏、韵律)。好的构图,画面中的重要元素都能组织成一个基本形状(图3-85),有效地突出视觉中心,渲染故事的发生环境。我们在进行构图时,无论多么复杂的内容,都可以用基本形体去分析、整理。长时间进行这种训练,可以提高构图能力。

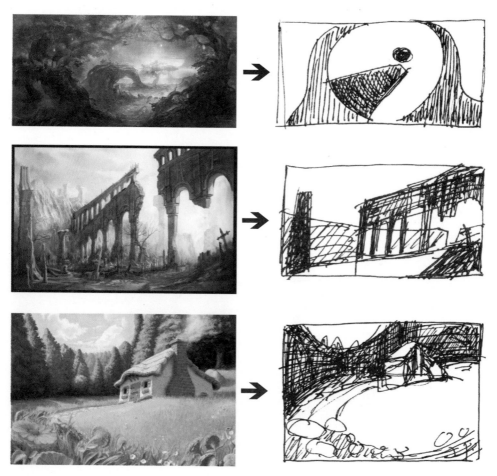

图 3-85

5. 上色

上色前首先要掌握一定的色彩知识，理解色轮图谱（图 3-86）。

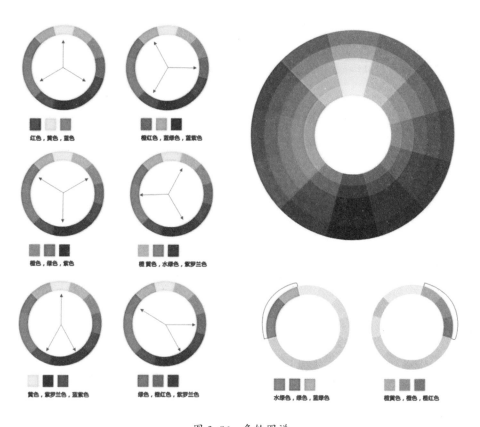

图 3-86　色轮图谱

漂亮的色彩会给作品增色不少。考试中因为时间所限，建议用彩铅、水彩、麦克笔上色，这些工具比较容易掌握。

（1）角色上色，配色时尽量简洁、明快。除了根据我们的日常记忆外，还要根据色彩心理。不同的色相代表不同含义，一般情况下：冷色代表冷酷、凶残、邪恶，暖色则代表温和、正义，紫色代表神秘，绿色代表生命。

图 3-87 《TERA》角色设定

（2）背景上色原理和角色一样，最主要的是有一个基调（冷、暖），然后用其邻近色或补色来丰富或反衬突出。使用互补色时，一定要注意面积上不要相等。

图 3-88　画面以黄色为主基调，中间夹杂绿色点缀

图 3-89　画面以冷色调为主，暖色的花在环境中显得特别突出

6. 场景绘制流程

第一步,审题后画出草图并勾勒出线稿(图 3-90)。这一步一定要多花点时间,透视、结构、景别、角度都要认真推敲。

图 3-90

第二步,交代明暗关系,制造视觉中心(图 3-91)。

图 3-91

第三步,上色,营造场景氛围(图3-92)。

图 3-92

(四)漫画、动画分镜绘制流程和关键技巧

有时游戏专业也会和其他专业考同一考题,所以这里介绍一下绘制漫画、动画分镜的相关知识。

1. 四格漫画

基本按照故事"发生——发展——高潮——结束"安排。四格漫画由于画幅不多,没有多格漫画复杂的结构和表现形式,因此故事的处理便显得很重要。结尾往往采用"出乎意料"的处理手法(图3-93、3-94、3-95),让人忍俊不禁。这类漫画平时训练时应该注重构思巧妙,同时主题明确。

图 3-93 莫迪洛作品

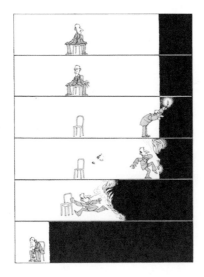 

图 3-94 季诺漫画

图 3-95 皮德斯特鲁普漫画

从以上作品不难看出,四格漫画的结构是前面蓄力,也就是"埋包袱",结尾处"抖包袱"。

2. 多格漫画

多格漫画无论故事结构还是表现形式都比四格复杂,也是近年来创作考试的主要题型,下面通过案例来逐步分析讲解多格漫画的创作。

[案例]姐姐抱着衣服从茅屋走出来,抬头看到那歧,她既惊讶又激动。那歧朝姐姐飞奔过去,姐姐手中的衣服掉落在地上,两姐妹紧紧地拥抱在一起,愚图站在远处望着。

第一步,勾勒草图。这些草图更多的是直觉,但文字的内容基本要通过草图体现出来。

第二步,调整画面。在草图的基础上,对镜头、构图做进一步分析调整。

第三步,进一步完善画面,突出主题,强化视觉效果,调整构图,细化人物、场景,补充人物对话(图 3-96)。

图 3-96

经过这一步调整,造型上已经非常准确,场景表现更加深入,人物表情、画面构图都很到位,整体来看,故事叙事清晰、生动。

最后一步,勾线、上色(图 3-97)。

图 3-97

最终的黑白稿画面生动,情节一目了然,叙述一气呵成。

3.动画分镜(故事板)

分镜头剧本是指导演在文字脚本的基础上,按照自己的总体构思,将故事情节内容以镜头为基本单位,划分出不同的景别、角度、声画形式、镜头关系等的文字工作本,也称为导演剧本或工作台本。

分镜头剧本是导演对由文字形象到视觉形象转变的具体化把握和总体设计,后期的拍摄和制作基本都会以分镜头剧本为直接依据,可以说它是影片的拍摄计划和蓝图。

分镜头剧本一般包括镜号、景别、摄法、长度、内容（指一个镜头中的动作、台词、场面调度、环境造型）、音响、音乐等，按统一表格列出（图 3-98）。

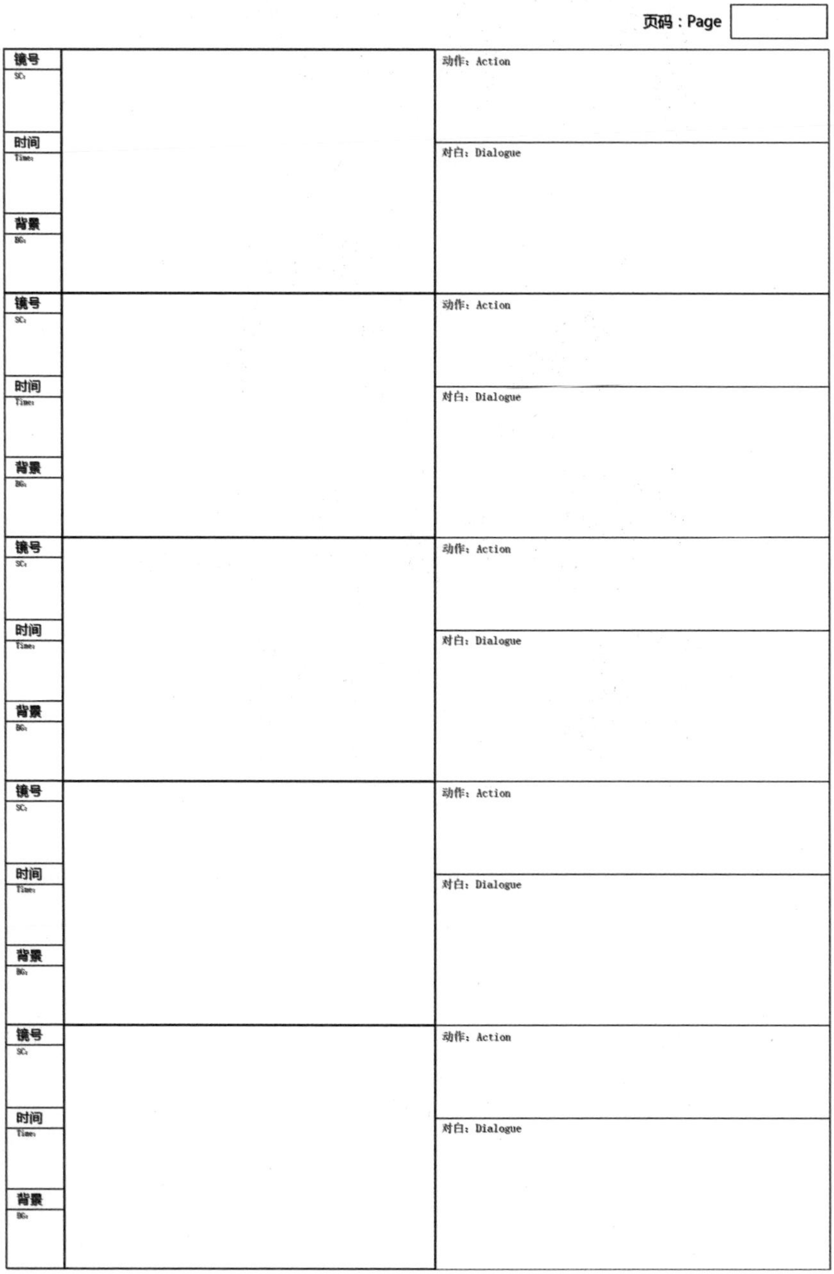

页码 : Page [ ]

镜号 SC:		动作: Action
时间 Time:		对白: Dialogue
背景 BG:		
镜号 SC:		动作: Action
时间 Time:		对白: Dialogue
背景 BG:		
镜号 SC:		动作: Action
时间 Time:		对白: Dialogue
背景 BG:		
镜号 SC:		动作: Action
时间 Time:		对白: Dialogue
背景 BG:		
镜号 SC:		动作: Action
时间 Time:		对白: Dialogue
背景 BG:		

图 3-98 分镜头模板

动画分镜头和多格漫画相比,其格子大小被预先设定好,不能改变其形状,这便要求考生最有效地利用好格子来讲述故事。它的绘制要求具体如下:

(1)故事表达清晰、完整。

(2)镜头连接流畅自然,分镜头间的连接须明确(这一点与多格漫画不同,具体连接方式可阅读前面列出的参考书)。

(3)注意叙事的节奏感。巧妙的运用起——承——转——合,画面应具有节奏感,而不是流水账式的描述。

(4)画面景别丰富。在有限的篇幅中,尽可能丰富地展现空间与画面的变化效果,有效地运用全景、中景、近景、特写、仰视、俯视。

(5)注意角色动作、表情的生动性。角色是故事的主体,应该成为焦点。

(6)对话、音效等标识须明确,而且应该标识在恰当的分故事板画面的旁边(这一点也与漫画不同)。

我们可以通过一些大师的作品来进一步理解动画分镜头的绘制(图3-99、3-100)。

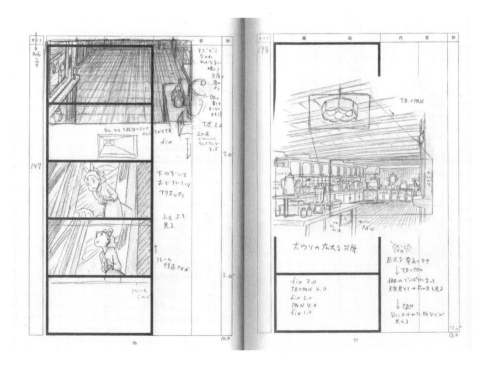

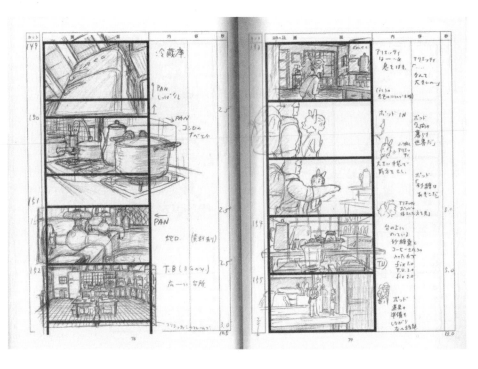

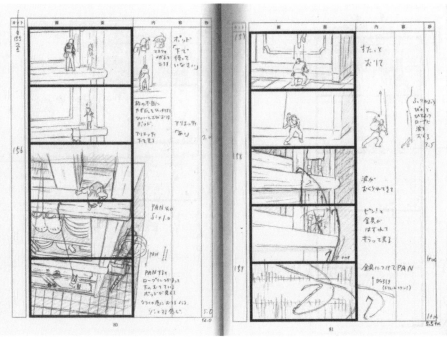

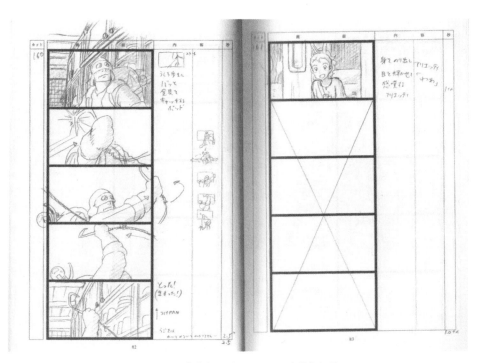

图 3-99 《借东西的小人阿丽埃蒂》分镜

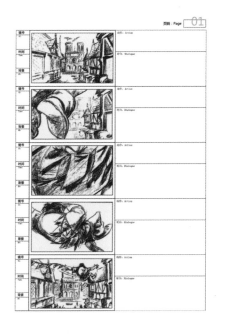

图 3-100 《钟楼怪人》分镜

第三节　日常生活积累

日常生活积累是大部分高分考生的心得。无论是在主题创作还是面试中,生搬硬套、死记硬背的东西都很难蒙混过关,而真真切切来自对生活的观察、理解、记忆的点点滴滴恰恰最能打动评委。以面试为例,考官经常会问一些在考生看来"神奇"的题目。比如:

请列出三条以上游戏成为奥运会项目的理由。

司马光除了砸缸外,还有别的什么方法可以救人?

西天取经回来后,师徒四人各开了一家公司,你觉得他们分别都会开什么样的公司? 为什么?

如果你可以拥有一项超自然力,你希望是哪一项? 为什么?

PM2.5 是什么意思?

郭美美跟哪个机构有关?

……

从以上考题中我们可以发现,很多考题考查的是知识面、理解力、想象力、表达力和临时应变能力,因此,我们在平时生活中要多积累、多观察、多思考,并养成用小本子把一些事情记下来的习惯。

在游戏创作中,创意也并不是凭空出现的,而是在平时生活的不断积累中灵感被激发才能得到。很多临时死记硬背的做法既不科学也不利于考生今后的发展。评卷老师都有丰富的经验,考生是不是真正掌握了专业规律他们心中有数,所以不要抱着侥幸的心理临阵磨枪。从点点滴滴开始积累,这样才能在专业的道路上越走越宽! 所以,无论是日常生活中的所见所想,还是通过媒体得到的信息都要积累起来作为创意的素材,平时多进行相应的加工训练,考试时创意就会源源不断。

第四章 应试策略与技巧

第一节 面试应试技巧

一、自我介绍

中国传媒大学的面试时间需要自己在中国传媒大学的官网上选择预约。

面试的考官一般有三位,一位负责报名档案,一位专门记录肢体动作、言谈举止,一位负责提问。

自我介绍通常是面试的第一环节,中、英文都行。如果你口语和听力一般的话,建议还是用中文。一方面,中国传媒大学和北京师范大学很多面试老师外语能力都很强,甚至不乏本科是学外语专业的老师,这一点如果你有机会参加中国传媒大学国际大学生动画节就会深有感受。另一方面,用英语自我介绍后,接下来考官很有可能用英语来提问。当然,如果你在英文方面有很强的优势,那大大方方用英文,突出的表现会为你加分。

姓名、年龄、性别、来自哪里等这些个人基本信息报名表上都有,因此在自我介绍时要突出自身优势,并且将重点和精彩内容放在前30秒中讲述以吸引考官。

比如,有一位考生的自我介绍开场是这样的:"大家好,我叫苏琪,和台湾影星舒淇谐音,但我并没有她那么姣好的容貌和婀娜的身材,可作为女生,我同样有着被万人瞩目的渴望,尽管现实中我不能成为一名演员,但我可以借助动画来实现。"诙谐幽默又很朴实的一段话瞬间引起了考官的注意。

还有一位考生走进考场后的第一句话是:"老师好,我是一名名副其实的90后,同学们眼中的高大帅。"接下去他实事求是地说出自己身上有90后的很多缺点,但又有自己独特的优势,并把自己的特点详实地列举出来,考官们对这位90后留下深刻印象。

2003年"新苗杯"全国中学生电视节目主持人大赛总决赛上一位叫杨铱的选手的自我介绍令大家耳目一新。她一上台就用寥寥几笔在画板上画了一个大眼睛的女孩子,然后介绍她的名字"铱"是爸爸从元素周期表里找出来的,小时候的她学英语把"egg""apple"说成"阿公""阿婆",最后点出画板上这个大眼睛的女孩子就是她自己。语言形象,生动有趣,形式新颖独特。

自我介绍完后考官一般会根据考生的自我介绍内容进行提问,因此自我介绍时切忌设置"自我陷阱",说一些自己并不熟悉的内容,例如:

考生:"我来自东方莎士比亚汤显祖的故乡......"

考官:"为什么说汤显祖是东方的莎士比亚? 除了《牡丹亭》他还有哪些代表作?"

考生:......

二、回答考官提问

回答问题时要听清或看清题目,明确题旨,思考清楚之后再从容应答。答非所问、语无伦次、吞吞吐吐,会给主考留下一个反应迟钝、思维混乱、语言不畅的印象。有的考生回答不上来主考的提问,就低头不语、东扯西拉,这些都不是明智的做法。碰到不会的问题可以说:"对不起,老师,这个问题我一时想不起来,您能再给我提一个问题吗? 谢谢老师!"这样的回答既显得机智,又很有礼貌,即使答不上来,也会给主考留下一个不错的印象。

切忌以下情况:

（1）拉扯熟人

"我认识你们学校的 ××。"

"我和你们学校的 ×× 是同学,关系很不错。"

（2）不当反问

问:"关于能否考上,你的期望值是多少?"

答:"成败就看你们的了。"

（3）不切实际

问:"你有何优缺点?"

答:"优点有 ......。目前我没有发现自己有什么缺点。"

（4）本末倒置

考官："请问你有什么问题要问我们吗？"

考生："请问你们招考比例有多少？请问你们在学校担任什么职务？"

三、作品、才艺展示

（一）选择技巧

1. 作品展示

作品展示环节,除了要求的素描和色彩外,考生应尽可能多的展示绘画基础以外的其他技能。因为,绘画作为游戏专业的基本技能,通过多年的基础训练一般都能达到,重要的是可以通过作品展示与其他同学不同的艺术思维和审美能力。如果有木雕、篆刻、书法、剪纸、漫画、水彩、泥塑、沙画、插画、角色设计、场景设计之类的作品不妨大胆展示出来,哪怕是捏泥人、浇糖画、折糖纸这类形式都会引起考官极大的兴趣。即使作品还很稚嫩也没关系,考官看重的是考生的潜质,而不是现在的作品有多完美。

尤其北京电影学院,要求展示的是平时画作,这就给了考生很大的空间。如果还有游戏相关的设定、构思等,都可以展示给老师看。如果在某些比赛上获过奖,或是有需要较长时间展示的才艺,可以用呈示获奖证书原件或作品原件这种方式进行展示。

2. 才艺展示

才艺展示环节,对游戏专业的考生来说,最好能展示除绘画以外的其他艺术技能,如舞蹈、器乐演奏、戏曲、魔术、杂技、武术等,考官对这些带有"武器装备"的考生都有浓厚的兴趣。才艺展示技巧很重要,如果技巧还不够纯熟,可以换个思路,从题材和形式上做文章。比如有的考生把武术和音乐相结合,魔术与舞蹈相结合等,这种新颖的结合形式既能体现出创新能力,还可能会获得意想不到的高分。

（二）注意事项

1. 有礼貌

入考场的种种细节,虽然无关乎专业水平,却能影响考官对你的看法,考官还是偏向于有礼貌、有教养的学生。进入考场要主动说"老师们好"这类礼貌用语;面试结束后,起身对考官表示感谢;离开时先打开门,并转身向考官鞠躬再见,将门轻轻合上。

2. 道具和服装准备

需要用到道具、服装的才艺展示,考试前一定要准备好。如小提琴的音是否调准,古筝的假指甲是否带好,舞蹈用的音乐是否就位,小品、杂技的道具是否准备好,这些都要事先检查。表演时有服装的尽量用舞台服装,这不仅能看出你对考试的重视和用心,还能很快把你带入到考试的状态中。当然,考生本身的艺术功底扎实是根本。

3. 展示的作品要整洁,宁缺毋滥

近年来,中国传媒大学和北京电影学院游戏专业都不再考素描、色彩,而主要通过考生的作品来衡量这些基础。所以当展示自己作品时要像展示自己一样,以干净、整洁的外表示人,而不是大小不一、邋邋遢遢、破破烂烂。

要挑选一些精良的作品,粗糙的作品起不到加分的作用,反而会破坏你在考官心目中的印象。

4. 实事求是

考场中真实的回答很重要。有一个考生的才艺展示是萨克斯,吹完以后老师问他学了多久,考生吞吞吐吐地说从小就学,然后老师让他演奏别的曲子,结果他不会,换了好多个曲子,他还是不会,这给老师留下非常糟糕的印象。

中国传媒大学有时会现场加试速写、素描、色彩等,如果用别人的作品代替很容易就露馅了。考官阅人无数,和考生水平不符的作品一眼就能看出来,所以千万别抱有侥幸心理。展示的一定要是自己的作品,用别人的作品冒充一旦被发现,其结果只能是和梦想擦肩而过。

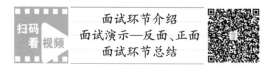

第二节　笔试应试技巧

一、素描（以半身像为例）

近几年,素描半身像在考场上出现的概率很大,有写生也有默写,不论采用何

种形式,都有必要掌握基本的考试要领,力争高分。

1. 造型要准确

造型的准确与否衡量着一个初学者的综合素质和水平,这一点极其重要。

造型既包括外轮廓也包括内在结构,在短短几个小时的考试中,应该去繁就简,准确地抓住对象的主要特征,描写最核心的东西。形体与结构是外观与内涵的关系,两者你中有我,我中有你。好的作品不是一些概念的聚集,而是活生生有个性的血肉之躯。所以,考生在考试时,应该准确把握对象的结构和特征。

结构主要指对象的内部构造和组合关系,是形成物像外貌的内在依据,不了解它,就无法准确把握对象的一系列外表特征。在素描中,结构包含两方面内容:一是解剖结构或构成结构;二是形体结构。人体或动物的骨骼、肌肉所构成的解剖关系是解剖结构。熟悉了解解剖,是人物造型的基础。物体的内部构成框架及其构成关系称为构成结构,是一切对象形体的内在依据。孙韬和叶南两位老师编著的《艺术人体解剖》中的观点是:"结构是我们认识人体解剖的方式。解剖是向无限细致发展的,而结构相反,是向概括和简化发展。结构意识在面对自然时是提炼与总结,在面对创作时就是主观的组织和布局。"所以考试中素描的好坏,主要是表现的结构关系是否正确,不在细不细。我们看看丢勒的素描作品就会发现他的主要精力集中在对对象的结构表现上(图4-1)。

图 4-1　丢勒素描作品

如果说内在结构是共性的话,外轮廓则表现了对象的独特性。构成对象的基本形不同,则对象的形体特征就会不同。任何对象都以其特定的形体存在而区别于其他对象,把握住对象的基本形,就抓住了其形体特征。我们在观察对象时,应首先注意其整体呈现的基本形,如脸型(外轮廓),有的偏长,有的偏方;而鼻子,有的高高的,有的厚实。特征一方面通过形来凸显,另一方面还要突出对象的精气神、味道(画出模特那股劲)。绘画大师安格尔善于用简洁的线条把握对象的基本形和形象特征,让人一目了然(图4-2)。

图4-2　安格尔素描作品

2. 动态要自然

素描半身像和速写一样,都十分重视人物的动态特征。半身像虽然不需要顾及全身,但由于三大块的运动加上手臂的活动,已经使身体呈现出一种自然的休闲状态,使动作具有了典型意义。如果我们不去认真体会人物动作的鲜明特点,而是一味的拼凑比例,那么,画出来的动作势必僵硬麻木,不够自然,更谈不上生动。在画素描半身像时,必须强调动作鲜明的特点,宁可夸张一些,也不能生硬呆板,毫无生气。这一步往往是一张优秀考卷的得分点。

3. 主次要突出

素描半身像比素描头像需要顾及的内容要多得多,除了要努力把握动作的自然特性和鲜明特点,还要处理好各部分的主次关系,以达到整体完整的效果。当然,作为一幅素描半身像,头部的主体性不能改变,必须认真刻画,起到统领画面的作用。其次,手的交代也必须得到足够的重视,因为手和头部一样蕴含着丰富的精

神内涵,是充分刻画模特形象的又一关键点。除了对
头和手的重点刻画,衣服和其他部位必须概括处理。

　　明暗关系上运用黑白灰的关系处理形成视觉节
奏,不要平均主义,要有意识地分出一、二、三、四阶梯
的黑白灰。

4. 整体效果要完整

　　素描半身像和其他素描种类一样,整体效果的
完整是我们赢得试卷高分的又一关键点。要避免画
面出现"花""灰""碎"等毛病,明暗、体积和空间应
演化成黑白灰有序的排列组合。

素描速写

扫码看视频

图 4-3

二、速写

(一)全身人物速写的关键点

1. 抓住动态线

　　抓住形体的整体动态特征,以此为基础定出人物
在纸面上的位置,画出大外形及基本比例。(图 4-3)

2. 重点刻画到位

　　动态速写切忌面面俱到,应强调分清主次抓住
重点。动态速写的重点,不是人的五官,也不是人的
服饰,而是与整体动态关系最为密切、影响和制约整
体动态的"三大部位"和"三大关节"。所谓"三大部
位",是指头(颈)部、肩(胸)部和髋部;所谓"三大关
节",是指肩关节、肘关节和膝关节。抓住了"三大部
位"和"三大关节",不仅能准确把握形体的整体动态,
包括衣纹在内的概括取舍也就有了切实可行的依据。
(图 4-4)

图 4-4

3. 注重衣纹

注重衣纹是指注重那些能充分表现整体动态的衣纹。因此,注重衣纹其实质是注重形体的动态。要把握形体结构、形体动态和衣纹的关系,善于抓住关键性的能充分表现动态特征的衣纹予以表现,而不要被那些琐碎的偶然产生而与动态无关的衣纹所迷惑。要善于通过衣纹之间起止、始终、顺逆、交错的结构关系和衣纹变化,加强形体动态的表现。(图 4-5)

4. 调整画面,强调重点

五官、手、脚要适当刻画,结构转折处要着重强调,做到画面完整。

(二)运动速写的关键点

运动速写首先要观察分析认识运动的全过程,然后要抓住关键动作(图 4-6),以单线快速地勾画动态,准确表达出对动作的感受。

图 4-5

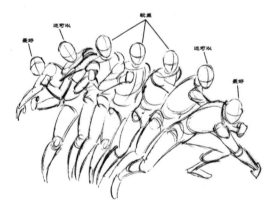

图 4-6　Stan Lee　John Buscema 著

扫码看视频

动态速写
非常规视角速写

三、角色设定、场景设计

（一）角色设定

1. 认真审题，确定角色身份、故事背景时代

很多考生不认真看题目，急急忙忙画，虽然画得很好，但是跑题，角色性格、身份、年龄、性别和场景的时代、地域、景别都和题目要求不一样，这是考试中的大忌。

2. 确定作画风格

是写实型还是卡通型，要事先根据游戏的定位来确定，一旦画到一半再改的话，时间会不够。

3. 创意

在大家都掌握了绘画技巧以后，创意就成了拉开分数差距的关键。很多考生会专注于画面效果，日式的、欧美的风格铺天盖地，但这些设计缺乏思想来源，所以很难进入高分行列。

4. 注意角色的内在结构和动势

很多考生画得很吸引眼球，但由于角色没有内在的结构支撑，所以经不住推敲。我们不能专注于表面功夫，一定要从内在的结构开始，认真的画好各个部位，只有耐看的作品才能得到老师的青睐。同时在设计时，动态也是关键，不要画得僵硬。

5. 注意场景的透视、比例、景别

很多同学专注于画面效果，却忽视了最基本的景物之间的比例大小、透视，场景的景别也不能充分体现氛围。而这些往往可以看出你平时是否经过严格、科学的艺术训练，所以一定要重视这些最基本的规律。

6. 保持画面整洁

扫码看视频　角色设计

（二）"人景合一" 气氛图

1. 认真审题

确定是画游戏界面还是只是单纯的设定。游戏界面会涉及一些按钮和参数，而画面设定则只需画出气氛图就可以。

2. 注意人和景的比例

3. 注意风格的统一

4. 注意角色主体的突出

　　游戏中的场景是为角色服务，不能喧宾夺主。

5. 注意整体效果

　　色调的统一、画面的疏密这些都要认真设计。

四、多格漫画、动画分镜

（一）多格漫画

1. "巧妙"的叙事技巧

　　漫画不是绘画，而是借助绘画这种形式讲述故事，所以创意仍旧是漫画的灵魂。在画之前，一定要认真设计故事，平淡无奇的叙事很难获得评委的青睐，独具匠心的故事设计，会让评委眼睛一亮，所以在画之前，要精心处理故事的每个细节，跌宕起伏的情节更容易让老师读起来有滋有味。

2. 丰富的漫画语言

　　漫画不同于摄影、绘画，它有自己丰富的语言形式，考生在绘制过程中要巧妙地运用各类漫画语言和漫画思维，发挥漫画语言的特性，让评委能沉浸其中。

3. 协调的镜头组接

　　好的漫画阅读起来，给人一气呵成之感。考试时，应反复推敲画面镜头，仰视、俯视、中景、近景都给观众的心理感受不同，应根据故事内容精心画出其中的意境。

4. 创意要能跨越时代

　　老师和考生之间年龄差，可能造成审美上的不同。所以，考试时在内容选择和文字处理、表现方式上也要尊重阅卷老师的口味，而不能以自己的喜好为标准。否则，考卷可能达不到预期的分数。因此，在创意上我们要选择能引起大众共鸣的，而不局限在某个年龄段的群体。

（二）动画分镜

1. 清晰的故事表达

分镜是故事的漫画化呈现，它和文字脚本的旨归一样：清晰表述故事。

2. 巧妙的叙事逻辑

分镜头脚本不仅是对剧本进行视觉表现力的创作，也是对剧本在情节表现上所进行的二度创作。答卷既要体现故事内容，同时又要有艺术处理和巧妙的叙事逻辑设计。

3. 张弛有度的叙事节奏

叙事节奏即情节上张弛有序，有高潮与过渡、紧张与舒缓。镜头的节奏变化要为主题服务，以使剧情引人入胜为基本核心。

视觉上的运动节奏不仅可以表现豪放、粗犷、和缓、潇洒、轻松、愉快、紧张、动乱等不同的视觉效果，以使情绪得到鲜明的表现，但更重要的是要将视觉节奏、听觉节奏有机组合，以体现情节事件发展的脉动。表现形式与内容的高度统一，可使影片的节奏丰富多变、生动自然而又和谐统一，产生扣人心弦的艺术感染力。

4. 丰富合理的镜头语言

分镜脚本由于是影片的早期形态，因此它可以表现出丰富的镜头语言。视角、视距、景别、方位、景次、构图、光线、色彩上的各种变化都能让它充满魅力。运用分镜头的切换又可以产生多视点、多空间、多角度、多侧面的造型表现，使得艺术形象丰满、鲜明，人物传神而具有强烈的艺术感染力。

5. 专业的标注

在精心设计画面时，不能忽视镜头号、场景号、时间的标注，不能忽略动作和对白的内容提示，这些细节也反映出考生的专业水准。

分镜的绘制

附　录

一、国内开设游戏专业的大学汇总

北京电影学院（动画学院）

中国传媒大学（动画与数字艺术学院）

北京航空航天大学

北京印刷学院

北京邮电大学（世纪学院）

北京工业大学

北京汇佳职业学院

河北美术学院

河北科技大学唐山分院

天津电子信息职业技术学院

山东工艺美院

上海师范大学（谢晋影视艺术学院）

上海电影艺术职业学院

上海视觉艺术学院

中国美术学院（传媒动画学院）

浙江传媒学院（新媒体学院）

南京艺术学院（传媒学院）

江南大学（数字媒体学院）

广州美术学院

广东商学院（艺术学院）

广东科学技术职业学院

大连民族学院（设计学院）

吉林动画学院

四川大学

四川师范大学（数字媒体学院）

湖南科技职业学院（软件学院）

长沙师范专科学校

湖南大众传媒职业技术学院

湖南农业大学（东方科技学院）

湖南信息职业技术学院

湖南信息科学职业学院

湖南生物机电职业技术学院

湘潭职业技术学院

湖南水利水电职业技术学院

深圳职业技术学院

二、考官提问高频题目汇编

1. 请做一个自我介绍。

2. 你为什么报考游戏专业?

3. 举出最喜欢的两款游戏,谈谈你的看法。

4. 谈谈你对青少年玩游戏的看法。

5. 举出几款 RPG 游戏,谈谈你的看法。

6. 你对游戏的理解是?

7. 举出你所知道的著名游戏公司,有哪些代表性游戏。

8. 按场景的维度,数字电子游戏有哪几种类型? 各举一例。

9. 按玩法和情节特点,电子游戏主要有哪几种类型? 各举一例。

10. 按软、硬件平台,电子游戏有哪几种类型? 各举一例。

11. 你最喜欢任天堂 Nintendo 哪款游戏? 为什么。

12. 魔兽世界是哪个游戏公司制作的?

13. 俄罗斯方块吸引玩家的地方在哪? 是俄罗斯人发明的吗?

14. 微软出过哪些著名游戏?

15. 中国有哪款游戏吸引你? 你觉得还有什么需要改进的地方?

16. 列举你知道的国内知名的游戏公司及其代表作。

17. 游戏引擎是什么? 举例说明。

18. 你为什么报考我们学校? 了解我们学校吗?

19. 说出 3 个以上知名的游戏引擎。

20. 游戏 AI 的作用?

21. 谈谈你对现在中国游戏的看法。

22. 简历上显示你来自外国语学校,请你用英语做一个自我介绍。

23. "落霞与孤鹜齐飞,秋水共长天一色"出自什么时期谁的作品? 那个时代和他齐名的其他几位诗人分别是谁?

24. 你的兴趣爱好是玩游戏,那请你谈谈你玩过哪些游戏,《超级玛丽》是哪个公司出品的?

25. 游戏剧情和电影剧作有什么区别?

26. 目前国内比较火的游戏有哪几款? 谈谈你的看法。

27. 以你面前的这支笔构思一款手机游戏。

28. 如果老鼠开了一个学校,会开设那几门课?

29. 列举四种以上乐器,并分别描述它们的音色带给你的不同感受或联想。

30. "枯藤老树昏鸦,小桥流水人家,古道西风瘦马。夕阳西下,断肠人在天涯。"如果用镜头组接在一起,在电影中叫什么?

三、优秀作品选编

(一)素描

1. 素描——单一角度头像写生

作品分析:该作品体积感强烈,塑造扎实,神态富有感染力。作者在有限时间内着重五官塑,炯炯有神的眼睛、丰满的鼻头、坚实有力的嘴巴,体现出作者细致的观察力和准确的表现力。画面转折清晰自然,软硬处理得当,肌肉、骨骼质感鲜明,而对头发、衣服的简略处理表明作者对素描有着深入的理解。

作品分析：该作品结构准确,构图完整,主次分明,空间把握到位,立体感强烈。考生用细腻的笔触塑造对象的五官,表现对象的神态;在头发的处理上则大刀阔斧。这种艺术上的判断和处理反映出考生扎实的素描基础和一定的艺术修养。同时值得称道的是头、颈衔接处的暗部处理层次丰富,恰到好处,体现出考生对对象结构的准确理解和整体观。

作品分析：该作品结构严谨,黑白灰分明,体积感强烈,细腻的笔触对角色深入地塑造显示出考生的冷静与自信。作品暗部的结构准确、虚实得当,耳朵、头发、衣服这些常常被考生忽略的地方却被恰到好处地表现出来,在明快的黑白灰节奏中又有着丰富的层次,可见考生有着扎实的素描基础和很强的艺术处理能力。

作品分析：表现处于柔弱光线中的侧面对象具有相当的难度，作者紧紧围绕对象的结构进行细腻的刻画，通过强烈的明暗对比突出对象的脸部表情。

作品分析：这幅胸像作品用笔简练、节奏明快、神态生动，是试卷中的佳作。作者用简约的笔墨概括亮部，对对象暗部却进行了深入细腻地刻画，转折处层次丰富、质感分明，头发、黑衣服的大胆处理，体现出考生较好的艺术修养，极具可塑性。

2. 素描——多角度头像写生

作品分析：从多个角度去表现对象是素描考试的新思路，这符合游戏的思维。该作品很好地塑造了对象，细致的五官刻画和大胆的黑白灰处理显示出考生良好的基本功。

作品分析：从多个角度去表现对象增加了素描考试的难度，这不仅要求考生多维度理解对象结构，而且还要能在短时间内迅速抓住对象的特点表现出来。显然这幅作品完美地实现了以上目标。

3. 素描——半身像写生

作品分析：半身像写生成为近几年游戏专业素描考试热点，这对考生提出了更高的要求。该作品造型准确，关键之处表现深入，次要的地方又惜墨如金。整幅画面显示出作者具有较强的整体观察和处理能力，技法娴熟。

作品分析：正面角度的半身像写生难度较大。该作品造型准确、线条简练。对象的重点表现区域五官和手的刻画细腻、深入，而衣纹、围脖处理也繁简得当。反映出作者已经具有较强的造型能力和较好的艺术表现能力。

作品分析：该作品以简练的手法准确地表现了对象。精练的线条和结构紧密联系在一起，淡淡的灰色恰到好处地衬托出对象的体积和量感。大胆的用笔紧紧依附在对象的内在形体上，栩栩如生的神态是该作品的最大亮点。

作品分析：该作品主次突出，立体感强，五官、手的刻画深入、到位，与衣服的大胆处理形成鲜明对比。对象的神态生动，粗犷和细腻的笔触运用恰到好处，这是一幅比较完整的素描作品。

（二）速写

1. 速写——默写（动物）

动物默写近几年开始成为速写考试的一类新题型，考生们请务必关注。

作品分析：该作品用线简洁，动态描绘生动。不足之处是形体和空间表现稍有缺憾。

作品分析：作品很好地表现了动物的神态和动态，不足之处是一些细节处理过于草率，在小的形体上还欠准确。

2. 速写——默写（人物表情）

　　根据写生对象默写出对象的各种表情是近年来新出现的新题型，考生可稍作训练。

　　作品分析：作品很好地表现了对象的神态，不足之处是表现略显表面，没有把头部当成一个整体考虑，各部分穿插关系缺少分析，嘴巴部分脱节严重。

3. 速写——慢写

　　作品分析：该作品构图完整，人物的结构、比例准确，主次分明，衣纹疏密有致，线条轻重而富有变化。达到了考试的要求。

　　作品分析：带场景的速写作品具有一定的难度，但该作品在主体塑造和人景关系上处理得当。对象刻画中，线条富有变化，轻重有序；作者对空间有一定的认识，较好地呈现了各个对象的空间关系。

4.速写——速写多幅

作品分析：该作品的人物动作鲜明,结构、比例准确,线条长短、轻重、疏密和浓淡讲究。

5.速写——速写

作品分析：该作品线条简练而富有变化,结构、比例准确,用笔生动而富有韵律。

作品分析：该作品比例准确,线条简练,重点突出,线条富有变化。

6. 速写——快写

作品分析：该作品用线简练,造型准确,形象生动,空间感强。(左上图)

作品分析：该作品用线大胆、灵活,形象富有韵律感,结构、比例准确。(右图)

作品分析：考生在保证结构、比例准确的前提下,以简练的线条抓住了对象的动态,表现了对象的主要形象特征,达到速写的要求。(左下图)

7. 速写——连续动态速写(默写)

　　作品分析：该作品很好地表现了对象运动时不同时间节点上的关键姿势,用线简洁,形态结构、比例准确,反映了考生对人物解剖结构有较深入的了解,并具有一定的艺术表达能力。

　　作品分析：作者以极其简练的线条,通过曲线和直线准确地表现了拉绳动作。通过作品可以看出考生对对象有意识地艺术处理,为下一步制作奠定了基础。

（三）命题创作

1. 角色及转面

作品分析：作品显示出考生具有丰富的行业经验，主体角色刻画充分，角色基本元素清晰，生活中各类元素植入得巧妙，色彩搭配富有民族性，转面绘制准确，细节的处理可以看出考生对角色有过深入的思考和理性的处理，是一套相对成熟的作品。

作品分析：女性角色的设计是考试中常见的题型。该设计充分表现了女魔的婀娜和神秘性。角色动态很生动，转面的绘制充分建立在人体架构的基础上，对角色发型、帽子、兵器都做了充分的细节说明，让人一目了然，是一份出色的游戏角色设计答卷。

　　作品分析：肌肉男是欧美游戏中常见的角色，该设计表现了角色的力量感和邪恶性。角色的结构准确、色彩运用到位，三视图绘制严谨、清楚，是一套标准的考试参考作品。

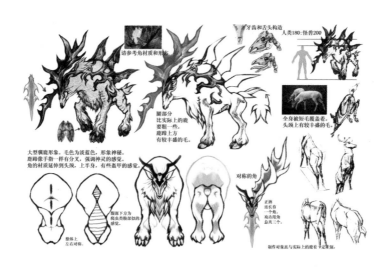

　　作品分析：动物角色在游戏中经常出现，这幅作品清晰地展示了考生的创意过程。角色以鹿为原型，经过夸张、变形成了现在的怪兽。作品造型严谨，特征明显，色彩明快。

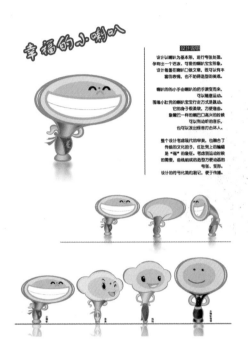

　　作品分析：该作品造型夸张、色彩亮丽，充分体现了动漫的夸张特点。角色创意思考深入，既有民族特色，又有现代感，唯一遗憾的是转面图不够准确。

　　作品分析：该作品风格豪放，造型简洁，色彩明快，设计生动自然。不足之处是在细节上缺乏严谨性和足够的推敲。

作品分析：该作品设计大胆，较好地运用了漫画语言，具有强烈的现代感，如果在细节处理上再深入些，会更加出彩。

作品分析：该作品手法轻松，造型简洁，色彩鲜艳，设计生动自然。不足之处是造型结构不严谨，一些地方存在明显的错误。

　　作品分析：该作品特点鲜明，对自然元素运用大胆、到位。但鞋子的设计过于繁琐，角色的结构还需推敲，三个转面的造型还存在明显的差异，比如眼睛、衣服。

　　作品分析：该作品造型可爱、表情丰富，不足之处是转面的形象不统一。

2. 角色动态设计

　　作品分析：以上三套作品都是兔子的不同造型,共同的优点是造型都很生动、可爱,不足之处是形体还不够严谨。

3. 场景设计

　　作品分析：该设计视觉中心突出，透视、比例准确；画面富有节奏，空间的设计符合游戏角色的表演，是一幅优秀的场景设计作品。

　　作品分析：作者以山、水、桃花、飞鸟、亭子组成一幅富有意境的游戏场景，富有民族风味和远古时代感，天空和水的处理显示出考生具有专业水准。

　　作品分析：该作品造型概括,细节丰富。色彩运用很巧妙,外面的冷色和洞中的暖色形成鲜明的对比,很好地表现了画面的空间。前面空地位置的阴影处理,左边道具的摆放,石窟的刻画都恰到好处,显示出考生敏锐的艺术修养和专业技巧。

　　作品分析：该场景主次分明,主体造型有想象力,色彩明快,冷暖对比得当,独具匠心的构图为作品增色不少。

作品分析：该场景设计注重建筑内部构造，画面色彩明快，建筑透视结构合理，符合游戏特点，准确地体现了场景在游戏中应有的作用。

作品分析：该场景内部构造简单，但道具丰富，光影处理不错，画面下方的玩法设计是一大亮点，突出了游戏设计的专业性。

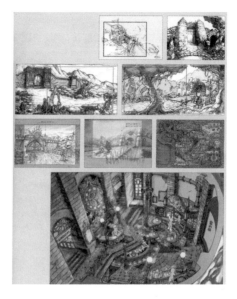

　　作品分析：考生交代了游戏场景的外部环境，以及角色在环境中的状况，并对主场景进行了深入地绘制，是一幅具有专业水准的佳作。

　　作品分析：该场景风格独特，吸收了剪纸的造型，色彩也采用了儿童喜欢的粉色系。受众定位明确，玩法设计合理，颇能吸引孩子的眼球。

四、中国传媒大学"小白杨奖"历届试题汇总

(一)第八届"小白杨奖"决赛试题

1.漫画故事专业

命题创作:《我养了一个奇怪的宠物》

要求:用4-10格漫画形式创作,着色表现,工具不限,4小时完成。

2.游戏设计专业

命题创作:这是一个巨型昆虫肆虐的世界,为了生存,人类的猎人用虫子坚硬的外壳和螯,制作武器和盔甲,甚至驯养温顺的昆虫作为坐骑。请构思这个世界中的一个人类村落,以及该场景中的昆虫猎人。

要求:以《猎虫部落》为题进行创作,在4开考试纸上根据命题完成一幅游戏场景设计(含角色),要求着色,绘画工具不限,4小时完成。

(二)第七届"小白杨奖"决赛试题

1.漫画故事专业

(1)速写:30分钟写生,男女模特;40分钟默写,听见铃声冲上楼梯,要求带场景。

(2)命题创作:一次性筷子又称为卫生筷,但是一次性筷子的使用会导致大量的森林毁坏。请以一次性筷子为题,画一张漫画,用以作为公益性的广告。

要求:用4-10格漫画形式创作,着色表现,工具不限,4小时完成。

2.游戏设计专业

(1)命题创作:美国好奇号飞船登陆火星,六个轮子的好奇号来到火星原始部落的内部,火星原住民在议事厅里开会讨论要怎样拆卸好奇号……

要求:以《火星议事厅》为题进行场景创作,要求出现三个以上人物形象和好奇号,着重表现场景,着色表现,工具不限,4小时完成。

(三)第六届"小白杨奖"决赛试题

1.漫画故事专业

(1)速写:30分钟写生,男女模特半身像;40分钟默写,提着沉重行李箱上楼梯的人,要求带场景。

(2)命题创作:2012年世界灾难后60年过去了,2072年会是什么样子?

要求:用4-10格漫画形式创作,着色表现,工具不限,4小时完成。

2.游戏设计专业

　　命题创作：从象棋中选择两个棋子与人物形象进行结合,创造出两个动画形象,画出两个形象打斗的瞬间及场景。

　　要求：构图饱满,画面完整,着色表现,工具不限,4小时完成。

（四）第五届"小白杨奖"决赛试题

1.漫画故事专业

　　（1）速写：30分钟写生,模特脸部；40分钟默写,打乒乓球的人。

　　（2）命题创作:《苹果的故事》

　　要求：用4-10格漫画形式创作,着色表现,工具不限,4小时完成。

2.游戏设计专业

　　（1）速写：30分钟写生,模特脸部；40分钟默写,打乒乓球的人。

　　（2）命题创作:《2022年人类月球基地》

　　要求：必须出现两个及以上人物形象,两台交通工具以及2022年文字,着色表现,工具不限,4小时完成。

（五）第四届"小白杨奖"决赛试题

1.漫画故事专业

　　命题创作:《早晨一觉醒来,发现下大雪啦》

　　要求：根据标题创作漫画,必须出现雪、老奶奶、蚊子三个元素。用4-10格漫画形式创作,着色表现,工具不限,4小时完成。

2.游戏设计专业

　　命题创作:《石头星球》

　　要求：必须出现人物和怪物各一个,要求表现场景。

（六）第三届"小白杨奖"决赛试题

1.漫画故事专业

　　命题创作:《神八的故事》

　　要求：用4-10格漫画形式创作,着色表现,工具不限,4小时完成。

（七）第一届"小白杨奖"决赛试题

1.漫画故事专业

　　命题创作:《鸡蛋与蚯蚓》

　　要求：用4-10格漫画形式创作,着色表现,工具不限,4小时完成。

五、高考文化课分数线参考

中国传媒大学游戏设计专业历年高考分数线

省市	2015		2014				2013				2012			
	文	理	文		理		文		理		文		理	
			3/4	1/4	3/4	1/4	3/4	1/4	3/4	1/4	3/4	1/4	3/4	1/4
北京	494	565	396	502	380	482	384	476	385	477	317	477	305	477
天津			366	465	361	458	373	462	365	452	373	462	339	511
河北	556	439	394	500	401	509	393	486	377	466	393	486	361	543
山西		461	368	467	374	474	355	440	345	427	345	519	339	511
内蒙古	496		368	466	351	455	332	411	337	418	315	474	300	452
上海			311	394	296	376	314	388	284	351	280	422	271	408
江苏	综合：274		3/4综合：214 1/4综合：271				3/4综合：210 1/4综合：260				300	199	199	300
浙江		410	403	511	387	491	401	497	400	495	359	541	351	529
安徽			379	481	342	434	378	468	343	425	369	556	348	524
福建			393	498	354	450	359	445	351	434	356	537	349	526
江西			367	466	368	467	372	461	356	547	365	549	350	527
山东		457	405	514	400	508	399	494	388	480	377	568	372	561
广东		412	405	514	392	498	416	514	402	498	461	514	374	564
广西		486	385	489	364	462	379	469	357	357	348	524	338	509
海南					424	538	467	578			428	644		
黑龙江	455	343	379	481	370	470	353	437	369	457	337	495	329	457
辽宁			386	490	368	467	388	480	377	466	360	543	331	498
吉林			392	498	389	493	357	442	375	464	330	496	375	464
河南	465	420	375	476	383	486	363	450	354	438	356	537	346	520
湖北			375	475	373	474	372	460	361	457	359	541	353	531
湖南	500	448	393	499	365	464	390	483	347	429	365	550	333	501
四川		507	386	490	378	480	397	492	393	487	335	534	332	499
重庆			389	493	360	457	389	482	364	451	355	534	334	503

（续表）

省市	2015		2014				2013				2012			
	文	理	文		理		文		理		文		理	
			3/4	1/4	3/4	1/4	3/4	1/4	3/4	1/4	3/4	1/4	3/4	1/4
云南			396	502	368	466	364	451	347	429	333	501	298	448
贵州	471		398	506	339	430	365	453	314	389	345	519	301	453
陕西	480		384	487	352	447	378	468	340	421	356	536	331	498
甘肃			380	482	361	458	352	436	342	424	341	514	331	498
宁夏			362	459	331	440	339	420	319	395	313	471	282	424
青海			331	420	284	361	305	377	268	332	277	417	257	386
新疆			217	275	200	253	193	239	186	231	189	285	151	257

后　记

　　2013年冬季，我从凤天手里接下这项写作工作，到今天正式成书出版与读者见面，已经快三年的时间了。尽管其间几经挫折，但在袁媛、龚蓓、陈涵卿、李琼等老师的努力下，最终得以面世。其实一开始接手这项工作，我有些顾虑。一是写书这种事情太耗费时间；二是觉得这种和学术无关的写作太小儿科；最重要的是恩师马克宣先生在世时经常教导我"文章千古事"，写书这种事马虎不得。后来，在和出版社编辑的多次沟通中，相互建立了良好的印象；再者，我觉得能帮助怀抱理想的年轻学子少走弯路，顺利进入心仪的院校，是件很有意义的事。

　　写作中，我尽力以一手资料为依据，及时更新题库，让考生能准确把握训练方向。杭州万松岭画室、蒋也、朱科任、杜仲明、洪晓龙、黄思语、叶田媛、董英英等单位和个人也通过各种方式给我的写作提供帮助，在此表示深深的感谢！遗憾的是，由于时间有限，我无法亲自一张张绘制案例中的图片，在这里对那些图片的作者一并表示感谢！

　　本书涉及的图形及画面仅供教学分析、借鉴，其著作权归原作者或相关公司所有。因条件所限，部分图片无法获知出处，未能与作者及相关人员或单位取得联系，敬请谅解，如有异议，请与我接洽，邮箱地址：402423938@QQ.com。

　　最后，祝考生朋友们梦想成真！

图书在版编目（CIP）数据

游戏设计应试技巧 / 赵贵胜 编著 – 上海：上海音乐出版社，2016.10
艺考强化训练丛书
ISBN 978-7-5523-1105-1

Ⅰ.游… Ⅱ.赵… Ⅲ.电子游戏 – 软件设计 – 高等学校 – 入学考试 – 自
学参考资料　 Ⅳ.TP311.5

中国版本图书馆 CIP 数据核字（2016）第 221305 号

书　　名：游戏设计应试技巧
编　　著：赵贵胜

出 品 人：费维耀
项目负责：龚　蓓
责任编辑：李　琼
音响编辑：李　琼
封面设计：翟晓峰
印务总监：李霄云

出版：上海世纪出版集团　　上海市福建中路 193 号　　200001
　　　上海音乐出版社　　上海市绍兴路 7 号　　200020
网址：www.ewen.co
　　　www.smph.cn
发行：上海音乐出版社
印订：上海盛通时代印刷有限公司
开本：787×1092　　1/16　　印张：8.25　　图、文 132 面
2016 年 10 月第 1 版　　2016 年 10 月第 1 次印刷
印数：1 – 3,000 册
ISBN 978-7-5523-1105-1/J · 1008
定价：36.00 元

读者服务热线：(021) 64375066　　印装质量热线：(021) 64310542
反盗版热线：(021) 64734302　　(021) 64375066-241